UI
设计参考手册

数字艺术教育研究室 / 编著

人民邮电出版社

北　京

图书在版编目（CIP）数据

UI设计参考手册 / 数字艺术教育研究室编著. —— 北京：人民邮电出版社，2016.11
ISBN 978-7-115-43337-4

Ⅰ. ①U… Ⅱ. ①数… Ⅲ. ①人机界面－程序设计－手册 Ⅳ. ①TP311.1-62

中国版本图书馆CIP数据核字(2016)第238651号

内 容 提 要

本书根据 UI 设计的基本构成和应用分为移动设备界面设计和网页界面设计两部分。其中移动设备界面设计分为主题、布局、色彩、应用及图标共 5 章；网页界面设计分为主题和应用共 2 章。每一章都包含大量的、优秀的 UI 设计案例，通过对每个案例的布局、颜色和整体评价 3 个方面的详细分析和讲解，来介绍本章主题在 UI 设计中的相关运用，帮助读者迅速掌握 UI 设计在各方面运用的基础知识，真正提高 UI 设计的审美能力和理解能力。

本书可作为 UI 设计的初级读者、有一定工作经验的界面设计从业者的必备 UI 设计案例参考手册，也可作为设计类相关培训机构、专业院校的教辅图书及教师参考图书。

◆ 编　著　数字艺术教育研究室
责任编辑　杨　璐
责任印制　陈　犇

◆ 人民邮电出版社出版发行　北京市丰台区成寿寺路 11 号
邮编　100164　电子邮件　315@ptpress.com.cn
网址　http://www.ptpress.com.cn
北京顺诚彩色印刷有限公司印刷

◆ 开本：690×970　1/16
印张：13.75
字数：264 千字　　　2016 年 11 月第 1 版
印数：1 – 2 500 册　　2016 年 11 月北京第 1 次印刷

定价：49.80 元

读者服务热线：(010)81055410　印装质量热线：(010)81055316
反盗版热线：(010)81055315

前言

　　UI的本意是User Interface，也就是用户与界面的关系。它包括交互设计、用户研究与界面设计三个部分。随着软件应用的广泛普及，人们对它要求也逐步提高，用户不止看中其功能实用性，更是需要UI来提升用户体验性，在享受操作软件带来的方便之余也追求其美观性带来的愉悦感。因此UI界面设计在产品竞争中所扮演的重要角色是毋庸置疑的，它也是产品的重要卖点，可以提升软件市场竞争力。

　　界面就相当于一个人的外表与气质，界面的美观与否直接影响着用户的心情。一个优秀的界面设计可以让软件更加生动，个性鲜明，给用户留下很深刻的印象；使用户操作便捷，容易上手，更快、更准确地获取信息，取得用户的信任。

　　根据UI设计的基本构成和应用分类，本书分为移动设备界面设计和网页界面设计两部分。其中移动设备界面设计分为主题、布局、色彩、应用、图标共5章；网页界面设计分为主题、应用共2章。每一章都会介绍本章主题在UI设计中的相关运用，帮助读者掌握UI设计在各方面运用的基础知识。本书主要通过大量的UI设计案例来展示每章的内容，每个设计案例都在布局、颜色和整体评价三个方面进行详细的分析和讲解，能够使读者提高对UI设计的审美能力和理解能力。

　　希望本书的读者能够将所学的UI设计技巧应用到实际应用中去，创作出更优秀的UI设计作品。

上篇　移动设备界面设计

第 **01** 章
主题（移动设备）

1.1 爱情　　　　　　　　　　　014

案例解析　　　　　　　浪漫 / 甜蜜 / 永恒 / 甜美

1.2 酷炫　　　　　　　　　　　017

案例解析　　　　　　　诡异 / 浩瀚 / 飘逸 / 力量

1.3 商务　　　　　　　　　　　020

案例解析　　　　　　　严谨 / 科技 / 光晕 / 雅致

1.4 自然　　　　　　　　　　　023

案例解析　　　　　　　翠鸟 / 小草 / 鲜花 / 蝴蝶

1.5 动漫　　　　　　　　　　　026

案例解析　　　　　　　可爱 / 神秘 / 简练 / 统一

1.6 古典　　　　　　　　　　　029

案例解析　　　　　　　神秘 / 复古 / 清新 / 田园

1.7 科幻　　　　　　　　　　　032

案例解析　　　　　　　冷酷 / 银河 / 科技 / 神秘

第 **02** 章
布局（移动设备）

2.1 竖排 · 036

案例解析

洁净 / 稳定 / 潇洒 / 认真
平静 / 真实 / 亲切 / 放松

2.2 横排 · 041

案例解析

理智 / 热情 / 舒适 / 高雅
清新 / 安静 / 神秘 / 简单

2.3 抽屉 · 046

案例解析

童趣 / 整洁 / 神秘 / 高端
高雅 / 韵律 / 优质 / 安静

2.4 宫格 · 051

案例解析

鲜明 / 朴素 / 放松 / 活力
平静 / 平和 / 稳定 / 图标

2.5 TAB · 056

案例解析

热情 / 欢乐 / 简单 / 严肃
简约 / 包容 / 素雅 / 严谨

2.6 轮盘 · 061

案例解析

可爱 / 星球 / 便利 / 信任
自然 / 安全 / 简练 / 丰富

2.7 列表 · 066

案例解析

严谨 / 柔美 / 纯粹 / 大气
清爽 / 简约 / 干练 / 简洁

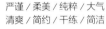  

第 **03** 章
色彩（移动设备）

3.1 单一色

案例解析

信任 / 可爱 / 安心 / 热情

3.2 多彩色

案例解析

欢快 / 真实 / 欢乐 / 寒冷

3.3 无彩色

案例解析

严谨 / 沉稳 / 事实 / 平静

第 **04** 章
应用（移动设备）

4.1 购物

案例解析

个性 / 典雅 / 轻松 / 时尚

4.2 社交

案例解析

信任 / 乐观 / 信赖 / 轻快

4.3 游戏

案例解析

复古 / 魔幻 / 可爱 / 活泼

第**05**章
图标（移动设备）

5.1 立体　　　　　　　　　　110

案例解析　　　　　　　　　互动／对比／趣味
　　　　　　　　　　　　　　坚硬／透视／神秘

5.2 扁平　　　　　　　　　　114

案例解析　　　　　　　　　工整／柔和／节日
　　　　　　　　　　　　　　平面／信任／传统

5.3 手绘　　　　　　　　　　118

案例解析　　　　　　　　　清透／浓重／轻快
　　　　　　　　　　　　　　复古／涂鸦／温馨

5.4 复古　　　　　　　　　　122

案例解析　　　　　　　　　皮革／活泼／典雅
　　　　　　　　　　　　　　强硬／哥特／怀旧

5.5 魔幻　　　　　　　　　　126

案例解析　　　　　　　　　炫彩／阴暗／力量
　　　　　　　　　　　　　　坚硬／灵动／机械

5.6 简约　　　　　　　　　　130

案例解析　　　　　　　　　鲜明／自然／和谐
　　　　　　　　　　　　　　功能／愉悦／暗沉

5.7 卡通　　　　　　　　　　134

案例解析　　　　　　　　　悠闲／童真／温馨
　　　　　　　　　　　　　　风趣／可爱／圆润

5.8 仿真　　　　　　　　　　138

案例解析　　　　　　　　　稳重／可靠／运动
　　　　　　　　　　　　　　深沉／精致／温暖

下篇　网页界面设计

第**06**章
主题（网页）

第**07**章
应用（网页）

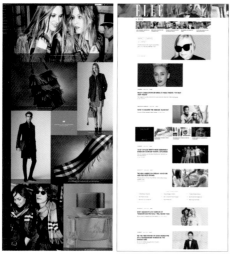

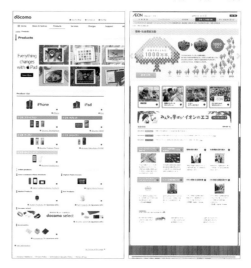

7.3 教育文化 194

案例解析

轻快 / 独特 / 立体
生机 / 严肃 / 成熟

7.5 多媒体数码 208

案例解析

柔和 / 认真 / 科技
智慧 / 色彩 / 智能

7.4 休闲生活 201

案例解析

欢快 / 密集 / 平静
信任 / 清爽 / 弧形

7.6 证券理财 215

案例解析

理智 / 严肃 / 商务
冷静 / 安定 / 信任

上篇
移动设备界面设计

第 01 章

主题（移动设备）

1.1 爱情

爱情使人联想到幸福、甜蜜与浪漫，在设计上大多以浪漫、甜美的风格为主，通常以桃红、粉色、大红为主要色调，运用心形、玫瑰等元素，将爱情主题的元素表现出来。

浪漫

这款以爱情为主题的手机UI
设计，采用一个心形为主体
元素，象征着对爱情一心一
意与热情。

C44 M100 Y97 K12
R161 G31 B39

C66 M58 Y55 K4
R106 G106 B106

C82 M77 Y76 K56
R37 G37 B37

C87 M85 Y83 K74
R16 G10 B12

❶图标的主体颜色统一采用大红色，并添加浅灰色的弧角外轮廓，调
和了强烈的色彩对比，使整个界面看起来更整齐，同时也透露着细腻
的时尚品位。

❷红心在深色背景的衬托下十分抢眼，与整齐排列的图标形成强大的
对比。主界面大面积留白，简洁并突出主题。

❸背景色彩为深灰色，搭配浅灰色心形作点缀，更加突出红色图标，
视觉对比强烈。

甜蜜

这款手机UI设计采用最能象征爱情的玫瑰花为主体元素，搭配典雅的手写体等细节设计，俘获
了女人的芳心。

C0 M0 Y0 K0
R255 G255 B255

C9 M25 Y12 K0
R230 G205 B210

C22 M66 Y46 K0
R209 G115 B115

C84 M55 Y86 K23
R44 G89 B60

C62 M71 Y70 K23
R105 G76 B68

❶图标的设计采用丝带、香水、钻石等情人间的礼
物为元素，增加了浪漫色彩，女性味儿十足。

❷主题元素位于界面中心位置，突出主题。

❸界面主色调为柔和的粉红色，衬托出唯美温馨的
浪漫爱情。

永恒

这款手机UI设计采用几何图形为设计元素，构成璀璨的钻石，表现出爱情像钻石一样可以永恒的主题。

C40 M100 Y43 K0 R166 G23 B92		C12 M85 Y0 K0 R213 G64 B145	
C9 M33 Y0 K0 R230 G189 B216		C1 M21 Y0 K0 R248 G218 B232	
C0 M0 Y0 K0 R255 G255 B255			

❶图标背景为五边形设计，加入阴影，使之立体化，突出了图标的功能。

❷整个界面采用简单的几何块面为主题元素，点缀小圆点，使整个设计显得更加灵动。

❸背景色彩为浅粉色，搭配亮丽的玫红色，优雅华美，体现出爱情的热烈。

甜美

这款手机UI设计采用爱情鸟的元素，寓意爱情甜甜蜜蜜，整体风格可爱、乖巧，非常吸引女性用户的目光。

C18 M0 Y39 K0 R220 G234 B177		C36 M16 Y45 K0 R177 G193 B153	
C42 M0 Y22 K0 R157 G212 B208		C0 M27 Y11 K0 R248 G205 B208	
C1 M63 Y19 K0 R236 G126 B152			

❶图标设计运用红心、玫瑰花、化妆品等女性喜爱的元素，进行了可爱风格的设计，给人一种甜蜜的感觉。

❷采用了九宫格的布局，排列整齐，展示形式简单明了，方便用户操作。

❸整体颜色运用低彩度的粉色，搭配着低彩度的蓝色，给人一种柔和、甜美的视觉体验。

1.2 酷炫

酷炫通常给人前卫的感觉，个性化极强。
在界面设计上，酷炫运用流光等科幻感十
足的元素，搭配对比强烈的色彩，具有较
强的视觉冲击力，大多被走在时尚前沿的
年轻人所喜欢。

诡异

这款手机UI设计运用神秘的符号元素，结合黑色的背景营造出一种诡异气氛。

C57 M0 Y100 K0
R121 G188 B40

C89 M49 Y100 K39
R0 G79 B38

C0 M0 Y0 K100
R100 G100 B100

❶图标设计上进行了荧光效果的设计，十分闪耀前卫。
❷布局紧凑有序，清晰直观。
❸背景颜色运用了黑色，突显出亮丽的图标。

浩瀚

这款手机UI设计采用宇宙中天体的形象，背景为浩瀚无垠的银河系。蓝紫的主色调点缀着亮闪闪的繁星，展现出一种神秘感。

C22 M35 Y4 K0
R204 G175 B206

C48 M70 Y5 K0
R150 G97 B159

C92 M86 Y20 K0
R44 G59 B130

C6 M92 Y63 K31
R97 G38 B60

C0 M0 Y0 K100
R250 G250 B250

❶图标采用圆形，运用色彩渐变营造出光影效果，表现出简洁清晰的图标形象。
❷系统界面将图标与信息进行竖排的格式布局，系统图标采用单线轮廓式与文字颜色统一，秩序感强。
❸整个界面以蓝紫色为主色调，点缀同色系的粉色和紫色，营造出神秘的氛围。

飘逸

这款手机UI设计十分明亮，风格飘逸，具有流动的感觉。

C0 M0 Y0 K0 R250 G250 B250	C16 M2 Y0 K0 R221 G238 B251
C59 M30 Y0 K0 R111 G158 B211	C6 M15 Y57 K0 R243 G217 B127
C42 M12 Y77 K0 R165 G190 B88	

❶以简单的图形和颜色的渐变表现简洁的图标，运用与背景颜色统一的绿色、蓝色和橙色，图标与背景彼此呼应。

❷横版布局使信息界面清晰直观，方便用户使用。

❸颜色运用纯度较高的三种颜色，色彩对比突出有一定的视觉冲击力。

力量

这款手机UI设计运用超级英雄蝙蝠侠的形象，结合对比强烈的色彩，整个界面充满了力量感。

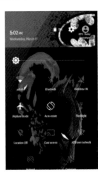

C12 M62 Y41 K0 R219 G124 B122	C0 M89 Y73 K0 R242 G59 B57
C67 M11 Y55 K0 R82 G171 B136	C76 M70 Y70 K36 R63 G63 B60
C0 M0 Y0 K100 R0 G0 B0	

❶图标采用了扁平化的设计，运用与背景相呼应的颜色，精练简洁。

❷界面居中，图标采用横版布局，设置界面采用九宫格布局，构图稳定。

❸背景颜色运用了黑色，主界面中运用了冷暖色的强烈对比。

1.3 商务

商务主题风格的界面设计，风格大多稳重
大气、简洁明了，通常以扁平化的设计风
格为主，运用一些棱角分明的元素与深色
背景进行搭配，深受商务人士的喜爱。

严谨

这款手机界面UI设计采用斑驳的铁锈纹理元素，颜色暗沉，给人一种严肃的感觉，虽然看似低调，却不失商务风的严谨态度。

C47 M56 Y54 K0
R153 G120 B109

C67 M84 Y81 K56
R63 G31 B29

C0 M0 Y0 K100
R0 G0 B0

C60 M77 Y75 K31
R99 G61 B54

C79 M71 Y68 K35
R57 G67 B62

❶图标进行立体化、质感化的设计处理，并没有统一风格，但是色彩鲜艳，与暗沉的背景对比明显，用户能一目了然地了解图标的内容。

❷界面简洁，布局以横版为主，侧边框布局为竖版，布局整齐而有秩序，显现出严谨的商务风格。

❸整体色调暗沉，图标颜色艳丽，加强了图标与背景的对比性，突出图标的实用性。

科技

这款手机UI设计采用几何图形为元素，光感效果呈现出精致高雅、质感强烈、科技感十足的特点。

C59 M15 Y31 K0
R109 G176 B177

C92 M63 Y75 K34
R1 G69 B62

C0 M0 Y0 K100
R0 G0 B0

C80 M25 Y53 K0
R6 G145 B132

C3 M76 Y97 K0
R231 G94 B14

❶图标的设计上，形体造型简练明确，采用了统一风格的处理，但又不尽相同，保留了图标本身的特点。

❷界面布局简洁并突出重点，整体布局采用竖版，整齐的排序显现出干练有秩序的感觉。

❸整体色彩运用黑色和绿色，黑色沉稳，绿色知性，这正是商务风格所具备的特性。

光晕

这款手机UI设计整体具有一种透明质感，结合了光晕、暗纹素材，比较符合商务型用户的使用风格。

 C18 M72 Y42 K0
R207 G100 B112

 C47 M8 Y94 K0
R152 G189 B48

 C74 M23 Y89 K0
R68 G149 B73

 C97 M93 Y14 K0
R32 G47 B130

C81 M73 Y70 K43
R47 G53 B54

❶ 图标进行了水晶般的透明质感的设计，细腻美观，与色彩鲜艳的背景相得益彰。

❷ 整体采用了横版布局，信息界面清晰直观，天气等实用性较强的版块突出显示，方便用户使用。

❸ 主界面用色暗沉，严肃稳重，应用界面颜色鲜明大胆，搭配和谐。

雅致

这款手机UI设计运用暗沉的色调界面营造出严谨端正的氛围，植物元素的加入增加了雅致感。

 C68 M0 Y52 K0
R66 G183 B147

 C100 M97 Y56 K18
R23 G40 B77

 C90 M92 Y28 K0
R56 G51 B118

 C99 M84 Y59 K33
R0 G47 B69

C0 M0 Y0 K100
R0 G0 B0

❶ 图标采用了简约的设计理念，十分精致，无边框的设计能够让用户一目了然地理解图标的内容，方便用户操作使用。

❷ 整体为竖版布局，整体布局均匀，主界面采用大面积留白，突出背景。

❸ 主色调为暗沉的深蓝色，代表沉思和创造，给人以严肃和受信任的感觉。

1.4 自然

自然主题风格的界面设计运用一些自然界中的动植物形象，将多姿多彩的大自然呈现在用户面前。颜色一般运用自然中常见的绿色与高彩度的红色、黄色、粉色、蓝色等搭配，色彩鲜艳，让人赏心悦目、心旷神怡。

翠鸟

这款手机UI设计以翠鸟为主要元素，结合了朦胧的背景，呈现出山野空旷的视觉感受。

C3 M46 Y92 K0
R240 G159 B20

C14 M91 Y91 K0
R211 G55 B37

C68 M22 Y100 K0
R92 G154 B52

C69 M44 Y0 K0
R88 G128 B193

C62 M87 Y20 K0
R123 G59 B127

❶图标的设计使用了倒角边框，图标圆润可爱，使用的颜色与背景中的小鸟相互辉映。

❷界面的设计采用了竖版的布局，符合用户的使用习惯。

❸主题的整个界面以绿色为主，背景上的小鸟色彩丰富亮丽，与朦胧的背景相映成趣，眼前一亮。

小草

这款手机UI设计以正在萌芽生长的小草为主要元素，具有空间层次感，给人一种郁郁葱葱、欣欣向荣的视觉感受，象征着生命。

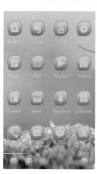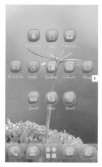

C41 M0 Y77 K0
R167 G206 B90

C59 M9 Y90 K0
R116 G177 B67

C66 M8 Y40 K0
R79 G177 B165

C84 M44 Y92 K5
R37 G115 B66

C89 M65 Y100 K52
R15 G52 B26

❶在图标的设计上，边框采用了叶子形状，十分新颖。颜色同样采用绿色，与整款设计风格统一。

❷采用了横版的布局，简洁而有秩序，图标排列错落有致、布局均匀。

❸色彩采用了绿色，清新怡人，搭配黄绿色，让人感觉放松，零压力。

鲜花

这款手机UI设计采用鲜花的形象作为基本元素，营造出浪漫清新的氛围。

 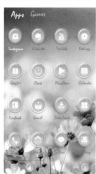   

C13 M43 Y0 K0
R220 G165 B202

C31 M70 Y0 K0
R183 G99 B16

C38 M100 Y30 K0
R170 G16 B105

C72 M40 Y17 K0
R76 G132 B176

C62 M50 Y89 K6
R115 G116 B60

❶图标采用圆形立体边框的设计，简单的图形使图标更精练。

❷布局多采用横版构图，图标摆列秩序感强，方便用户操作。

❸色彩主要运用粉色，和绿色、蓝色搭配，给人一种清爽别致的视觉感受。

蝴蝶

这款手机UI设计以蝴蝶和花为元素，结合了绿色的图标，将大自然中的美表现得淋漓尽致。

C19 M49 Y62 K0
R210 G147 B98

C59 M22 Y18 K0
R110 G167 B193

C26 M84 Y0 K0
R190 G66 B146

C88 M48 Y100 K14
R12 G101 B53

C90 M69 Y100 K60
R9 G41 B19

❶图标采用了圆角设计，圆润可爱又不失整齐，运用绿色的渐变与对比，简洁地勾勒出特征一致的图标，与背景风格统一。

❷主界面留有大面积空白，重点表现背景中的蝴蝶，图标的布局随背景的变化而变化，显得错落有致。

❸主体颜色运用了大自然中常见的绿色，画面清新又富有诗意，背景中粉色的花为整体添了一抹亮丽的颜色。

1.5 动漫

动漫主题风格的界面设计主要是为了迎合比较年轻的受众人群的喜好。动漫的形象给人的感受也是多变的，诙谐幽默、可爱呆萌、青春向上，手法可以原创独立，也可以手绘、电脑制作等。动漫主题风格的界面设计既吸引了年轻人的注意力，也能提高对产品的购买力。

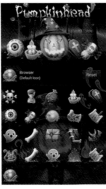

可爱

这款手机UI界面设计采用猫咪的卡通形象，可爱呆萌，整体界面风格统一。

C49 M0 Y5 K0
R130 G206 B236

C11 M0 Y83 K0
R255 G255 B1

C13 M31 Y83 K0
R227 G182 B57

C76 M70 Y56 K17
R76 G76 B88

C51 M99 Y100 K32
R118 G22 B8

❶功能性的图标设计，形象准确、圆润，拉近了用户与界面的距离。
❷界面布局结构均衡，不同功能、层次的界面，主次分明。
❸色彩搭配统一和谐、鲜明艳丽，毫不夸张地迎合了学生、年轻女性的喜好，受众人群显而易见。

神秘

这款手机UI界面设计采用西方万圣节的卡通形象，结合具有神秘色彩的元素呈现出风格和创意俱佳的视觉体验。相比真实的场景来说，故事的神秘色彩更加浓郁。

C2 M40 Y85 K0
R253 G177 B39

C61 M71 Y80 K28
R102 G71 B53

C76 M83 Y46 K9
R85 G63 B98

C84 M94 Y53 K28
R60 G38 B74

C0 M0 Y0 K100
R0 G0 B0

❶图标的设计与以往不同，具有深层次的指代寓意，能勾起受众者的好奇心。
❷设计师在界面布局上留有面积较大的空白，这也给用户提供了想象的空间。
❸界面的背景色彩搭配暗沉，符合主题思想的要求。

简练

这款手机UI界面设计采用超萌英雄的动漫形象制作，呈现出一种简约干练的风格，使原本富有英雄主义的人物形象多了卡通的亲切自然。

 C0 M0 Y0 K0
R255 G255 B255

 C46 M84 Y64 K5
R152 G68 B77

 C69 M54 Y38 K0
R98 G113 B135

 C86 M77 Y51 K16
R51 G66 B91

 C89 M82 Y57 K29
R41 G53 B75

❶ 解锁界面干净又富有寓意，图标设计也很幽默风趣，既亲切自然，又不失简洁大气。

❷ 竖排的界面布局，结构稳定，信息界面清晰直观。

❸ 色彩搭配沉稳，符合界面的主题风格。

统一

这款手机UI界面设计同样采用了呆萌可爱的猫咪的卡通形象，形成了手机主界面的整体的卡通风格。

 C50 M0 Y79 K0
R142 G197 B89

C2 M5 Y10 K0
R252 G246 B234

C8 M24 Y89 K0
R237 G197 B39

C22 M59 Y89 K0
R201 G125 B45

 C56 M90 Y70 K26
R116 G45 B59

❶ 图标的设计沿用卡通造型的设计原理，使整款产品统一和谐，格外轻松活泼。

❷ 整体布局清晰，解锁界面的版式编排符合用户对于猫咪的行为习惯的认知。

❸ 天气界面颜色应用鲜明大胆，对比突出，但不失统一完整性。

1.6 古典

古典主题风格的界面设计，从整体到图标，精雕细琢，给人一丝不苟的印象，具有怀古的浪漫情怀，表现出华贵典雅、超凡脱俗的视觉感受，使人很强烈地感受到传统的历史痕迹与浑厚的文化底蕴。紫色、金色、黄色、暗红是古典风格中常见的主色调，少量白色糅合，使色彩看起来明亮、大方。

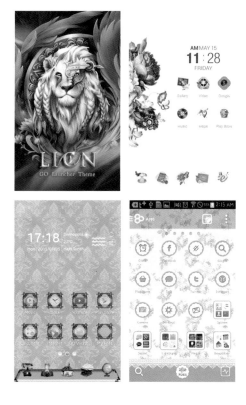

神秘

这款手机UI设计采用西方古典神话中狮子的形象，整体的色调稍显梦幻，金属质感的装饰更添一种神秘的气息。

C36 M18 Y10 K0
R174 G194 B214

C30 M31 Y51 K0
R191 G174 B131

C89 M61 Y54 K10
R24 G89 B102

C90 M98 Y51 K25
R24 G89 B102

C0 M0 Y0 K100
R0 G0 B0

❶ 图标采用了图腾化的设计，在细节处理上增添了金属质感，使图标更加立体化。

❷ 横版布局使这款古典风格的手机UI显得中规中矩，整体布局均匀，结构稳定。

❸ 在背景上运用了蓝色、绿色和紫色的渐变，朦胧而梦幻，金色的装饰与背景的暗沉对比强烈，加强了界面的视觉冲击力。

复古

这款手机UI设计运用西方的古典图案和装饰素材作为基本元素，结合具有时代感的棕黄色，呈现出一种怀旧、复古的视觉感受。

C43 M41 Y58 K0
R162 G148 B113

C26 M42 Y84 K0
R199 G154 B60

C27 M69 Y100 K0
R193 G103 B26

C77 M79 Y89 K65
R37 G28 B18

C0 M0 Y0 K100
R0 G0 B0

❶ 图标将扁平化图标和拟物化图标相结合，添加黑色的欧式花纹边框，显得十分繁复，极具浪漫情怀。

❷ 界面布局对称居中，布局严谨，符合古典审美。

❸ 背景色彩运用典雅的米色和浅咖色，给人怀旧的复古感，具有浓厚的艺术气息。

清新

这款手机UI设计运用细腻的手绘插画为元素，结合大面积留白，给用户带来一种清新的视觉体验。

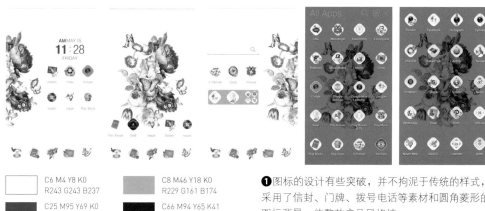

	C6 M4 Y8 K0 R243 G243 B237		C8 M46 Y18 K0 R229 G161 B174
	C25 M95 Y69 K0 R193 G42 B65		C66 M94 Y65 K41 R81 G84 B51
	C72 M65 Y62 K17 R85 G84 B84		

❶图标的设计有些突破，并不拘泥于传统的样式，采用了信封、门牌、拨号电话等素材和圆角菱形的图标背景，使整款产品风格统一。

❷横版的界面设计布局均匀，界面信息一目了然，用户操作方便。

❸背景运用了浅米色，与鲜艳的手绘插画形成强烈反差。整款设计浓郁而富有情调，很有小资风格。

田园

这款手机UI设计是田园风格，运用了田园风格中常见的蕾丝、碎花素材，用色粉嫩，受女性用户的青睐。

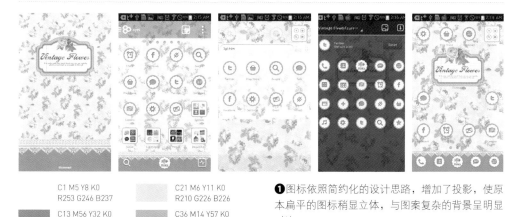

	C1 M5 Y8 K0 R253 G246 B237		C21 M6 Y11 K0 R210 G226 B226
	C13 M56 Y32 K0 R219 G137 B142		C36 M14 Y57 K0 R178 G195 B130
	C65 M50 Y64 K3 R108 G118 B98		

❶图标依照简约化的设计思路，增加了投影，使原本扁平的图标稍显立体，与图案复杂的背景呈明显对比。

❷界面清晰直观，采用了横板的布局，操作明确。

❸整体呈现浅粉色调，与背景中相同明度的浅蓝色搭配使整款设计清新、甜美，又充满田园的趣味。

1.7 科幻

科幻主题风格的界面设计，迎合了喜欢科幻风格的以青少年为主的受众人群，运用宇宙飞船、外星球、机器人等典型的科幻元素，添加眩光等特效，与暗沉或者冷色调的背景一起营造出神秘的科幻感。

冷酷

这款手机UI设计风格酷炫，运用一些科幻电影中对话框和显示屏的素材，使整款设计看起来个性十足。

C64 M0 Y21 K0 R75 G190 B205	C95 M100 Y63 K40 R28 G25 B55
C78 M100 Y62 K47 R57 G17 B49	C100 M100 Y53 K8 R28 G42 B85
C0 M0 Y0 K100 R0 G0 B0	

❶图标采用了圆角设计，并进行了一些质感和阴影上的处理，使整套图标呈现出冷酷的科幻效果。"极光"主题演绎天马行空的畅想。简单线条勾勒出的发光图标，像是一种吸引你去使用、去体验的召唤。

❷这款设计的布局居中，菜单采用了竖版构图，在天气面板中使用了科幻电影中的显示屏，与整体的风格统一。

❸整体色彩使用了比较冷酷的黑色、蓝色和紫色来搭配，质感强烈，十分符合科幻风格。

银河

这款手机UI设计运用游戏银河传说作为素材，采用宇宙飞船等科幻电影中常见的形象设计，整体把握松弛有度。

C100 M98 Y68 K59 R3 G13 B37	C40 M26 Y47 K0 R168 G175 B142
C83 M79 Y0 K0 R67 G68 B153	C100 M100 Y54 K7 R28 G42 B85
C100 M98 Y68 K0 R3 G12 B35	

❶图标使用渐变和阴影，使其呈现立体化，并运用了白色的外框。这样，图标在暗沉的背景中更突出，方便用户直观操作。

❷采用横版布局，结构稳定，展现出严谨的特点。

❸色彩运用太空的蓝色、黑色等暗色，为避免深色调容易造成的沉闷感，用白色的字体和黄色的光加以提亮。

科技

这款手机UI设计采用星球和宇宙飞船的形象作为元素，在字体上进行了扁平简约的设计，更具科技感。

 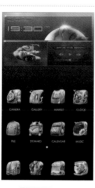   

C21 M30 Y57 K0 R210 G181 B120	C59 M50 Y47 K0 R124 G124 B125
C53 M0 Y16 K0 R121 G202 B216	C93 M76 Y42 K5 R27 G72 B110
C98 M91 Y61 K44 R10 G32 B57	

❶科幻风格的图标采用立体仿真的设计思路，图标具有趣味性、易识别的特点，想象独到。

❷布局采用常见的横版布局，界面清晰直观，布局紧凑，秩序感强。

❸背景颜色运用深蓝色，代表着广阔无垠的宇宙，而图标使用了比较明亮的颜色，深色与浅色的对比凸显了图标的实用性。

神秘

这款手机UI设计采用的素材非常独特，在背景中一个盒子散发出一丝神秘的气息，让人忍不住想打开它一探究竟。

C0 M0 Y0 K0 R255 G255 B255	C56 M0 Y30 K0 R112 G197 B190
C87 M63 Y73 K32 R32 G71 B64	C67 M81 Y78 K49 R70 G41 B38
C0 M0 Y0 K100 R0 G0 B0	

❶图标的设计呼应了盒子这一主题，给简约的图标加了两层不同颜色、不同效果的外框，并做了微倒角处理，使图标在视觉上整齐而有序。

❷横版布局稳定，日历版块设计块面化，设计感强烈，主界面留有较大空白，给人想象的空间。

❸背景使用黑色作为主体颜色，用绿色表现神秘气息，两种颜色相得益彰。

第 **02** 章

布局（移动设备）

2.1 竖排

竖排布局是最常用的布局之一。手机屏幕一般是列表竖屏显示的，文字是横屏显示的，因此竖排布局可以包含比较多的信息。列表长度可以没有限制，通过上下滑动，可以查看更多内容。竖排列表在视觉上整齐美观，用户接受度很高，常用于并列元素的展示，包括目录、分类、内容等。

洁净

Caviar是一个在线订餐网站，致力于将那些不提供外卖服务的高档餐馆整合于一个平台。Caviar应用的界面设计条理清晰，界面干净清爽，给人以洁净、引人食欲的感觉。

	C0 M0 Y0 K0 R255 G255 B255		C13 M8 Y7 K0 R227 G230 B233
	C0 M64 Y82 K0 R238 G123 B50		C10 M65 Y85 K0 R223 G117 B47

❶色彩运用了温暖的橘色，给人一种活力十足、十分温暖的感觉，能够增进人们的食欲，非常符合应用的主题。
❷布局采用了竖排的布局，将信息与图片合理布置，并运用文字的字体差异区分主次，让人一目了然。

稳定

Dailycandy完美生活指南是一个诠释生活的指导性网站，涵盖餐厅、酒吧、时尚、商店、发现、购物体验、旅游体验等。这款应用界面设计风格简约，布局整齐，整体把握松弛有度。

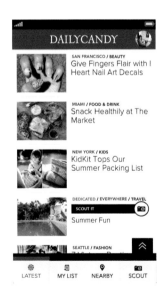

	C0 M0 Y0 K0 R255 G255 B255		C6 M6 Y6 K0 R243 G240 B239
	C18 M99 Y55 K0 R203 G17 B77		C10 M65 Y85 K0 R223 G117 B52

❶色彩以白色为主体，搭配玫红与黑色，具有很强的视觉冲击力。
❷图标设计简洁，表达清晰，高度概括出各个功能的特点。
❸竖排的布局使界面具有较强的秩序感，结构稳定，有利于用户的浏览。

潇洒

这款音乐类应用界面的设计简洁明了，布局严谨，信息清晰直观。

C0 M0 Y0 K0 R255 G255 B255	C47 M56 Y16 K0 R151 G122 B163
C69 M85 Y27 K0 R107 G63 B122	C90 M82 Y33 K1 R48 G66 B119

❶色彩运用蓝色与紫色的渐变，冷静中隐藏着丰富的情感，表现出自然潇洒的感觉。
❷布局紧凑，秩序感强，将信息以竖排的形式陈列，方便用户浏览。

认真

HotelTonight是一款提供当日酒店预订服务的应用程序，专门为那些随性而至或有紧急需求的人提供酒店预订服务。

C0 M0 Y0 K0 R255 G255 B255	C91 M59 Y53 K7 R0 G93 B107
C91 M91 Y50 K20 R44 G46 B83	C0 M0 Y0 K100 R0 G0 B0

❶背景运用黑色，衬托出酒店明亮的灯光，给人温暖的感觉。
❷运用不同色彩的图标标明酒店的不同状态，使用户能够一目了然，能够更快速、更清晰地找到需要的酒店。
❸简单的布局，使信息界面清晰直观，方便用户使用。

平静

BlaBlaCar长途拼车网是位于巴黎的一家长途拼车服务公司，帮助旅行者寻找与自己出行路线相同的汽车并预定座位。通过这一方式，车主将获得部分额外收入，而旅行者也可节约更多费用。

C0 M0 Y0 K0 R255 G255 B255	C2 M38 Y76 K0 R244 G176 B71
C39 M0 Y12 K0 R164 G217 B227	C73 M12 Y19 K0 R25 G168 B198
C0 M0 Y0 K100 R0 G0 B0	

❶颜色运用了蓝色，表现出平静、理智、干练的感觉，给人一种可信赖的视觉感受。
❷图标设计简洁，将各个功能的特色一笔概括，运用颜色的不同变化区分主次。
❸整体布局均匀，图片与信息紧密结合，方便用户浏览。

真实

这是一款网上预订电影票的应用，界面设计很有特点，将票面信息以真实的票样形象为元素进行设计，既具有设计感，又符合应用的主题。

C0 M0 Y0 K0 R255 G255 B255	C11 M27 Y90 K0 R231 G190 B31
C0 M63 Y65 K0 R238 G125 B82	C72 M0 Y52 K0 R37 G179 B147
C52 M73 Y0 K0 R141 G86 B160	

❶颜色运用了橘色，搭配着饱和度不高的黄色、绿色和紫色，色彩丰富和谐。
❷竖排的布局，清晰明了，方便用户购买。

亲切

这是一款美食类应用，可以查询各种美食的做法、热量和花费的时间等，方便快捷。

C0 M0 Y0 K0 R255 G255 B255	C10 M10 Y10 K0 R234 G229 B227
C6 M29 Y69 K0 R239 G191 B92	C9 M81 Y58 K0 R220 G81 B83
C85 M92 Y60 K42 R47 G32 B58	

❶ 以象牙色为主体颜色，给人亲切安静的感觉，搭配低纯度的红色和黄色，增加人食欲的同时，也使界面的颜色丰富和谐。

❷ 运用简单的图形勾勒出图形的图标形象，设计简洁的同时，又不失功能的表达。

❸ 采用竖式布局十分紧凑，秩序感强，将各类信息整合在一起，方便用户选择。

放松

这款社交类应用界面设计简洁明了，将图片与文字从上至下依次陈列，与用户的浏览习惯相符。

C0 M0 Y0 K0 R255 G255 B255	C75 M11 Y78 K0 R45 G162 B95
C82 M66 Y47 K5 R62 G88 B111	C91 M81 Y62 K39 R28 G46 B62

❶ 整体运用了灰色，呈现出理智、严谨的气氛；搭配绿色，能缓解压力、抚慰心灵，给人以放松的视觉感受。

❷ 图标设计简洁精练，清晰易识别。

❸ 布局采用竖排，文字采用不同的字体，排列错落有致，使整齐的界面增加了活泼感。

2.2 横排

横排是把并列元素横向显示的一种布局。
受屏幕宽度限制，它可显示的数量较少，
但可通过左右滑动屏幕或点击箭头查看更
多内容，不过，这需要用户主动探索。

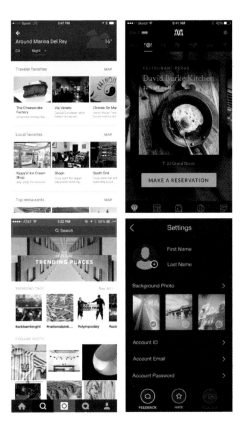

理智

这款谷歌地图应用的界面设计将几类信息依次展现在页面中，以横排的布局将图片陈列在一排，用户只需在想要浏览的分类模块中左右滑动，即可浏览信息，条理清晰，使用方便。

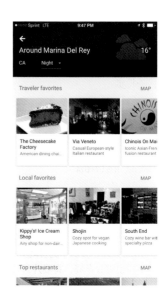

C0 M0 Y0 K0 R255 G255 B255	C6 M5 Y5 K0 R243 G242 B241
C68 M39 Y0 K0 R87 G136 B199	C93 M82 Y15 K0 R34 G64 B137
C100 M100 Y55 K7 R28 G42 B84	

❶ 采用了蓝色和白色经典的色彩搭配，蓝色给人以理智、受信任的感觉。

❷ 采用横排式布局，信息模块化，将图片和文字的关系处理得恰到好处。运用文字粗细变化将信息的主次区分开，使用户能够清晰地浏览信息。

热情

这款购物应用的界面设计主次分明，重点内容占了界面的三分之一，十分醒目。用户浏览时可左右滑动屏幕查看更多内容，操作方便。

C0 M0 Y0 K0 R255 G255 B255	C1 M86 Y95 K0 R232 G69 B23
C76 M38 Y0 K0 R50 G132 B199	C79 M71 Y62 K28 R62 G67 B74
C0 M0 Y0 K100 R0 G0 B0	

❶ 色彩主要运用朱红色和黑色搭配。朱红色给人以热情、欢快、愉悦的视觉感受，购物类应用使用朱红色可以营造热情的购物环境和显现出优质的服务。

❷ 运用简洁的图标将各类信息展现出来，功能指示明确。

❸ 采用横排式布局，主次分明，突出重点内容，方便用户挑选商品。

舒适

这款音乐类应用的界面设计十分简约，突出唱片专辑封面，有很强的视觉张力。

C0 M0 Y0 K0 R255 G255 B255	C10 M78 Y96 K0 R220 G88 B24
C74 M68 Y65 K25 R75 G74 B74	C0 M0 Y0 K100 R0 G0 B0

❶大面积使用黑色和深灰色，给人严肃、理性的视觉感受。避免过于沉闷，运用橙色作为强调色来调和这种沉闷感，给人以温暖舒适的感觉。

❷体图标设计简约，与整体色调相配，使界面整体和谐。

❸采用横排式布局，将唱片封面置于醒目处，左右滑动可转换，实现了布局与功能的完美统一。

高雅

这款生活类应用服务范围广泛，提供订餐、加油、出租车等服务，极大地方便了人们的出行与生活。

C0 M0 Y0 K0 R255 G255 B255	C28 M82 Y100 K0 R190 G77 B30
C27 M34 Y73 K0 R198 G169 B86	C49 M90 Y38 K0 R146 G147 B147
C0 M0 Y0 K100 R0 G0 B0	

❶色彩运用了深棕色和浅黄色搭配，整个界面给人高雅、沉稳的感觉，浅黄色温暖、柔和，很好地缓和了大面积暗色带来的压抑感。

❷图标设计以颜色和大小来区分主次，造型简洁精练、清晰明了。

❸以横排布局为主，将主要区域留给重要内容，主次分明。

清新

这款手机应用界面设计清爽、简洁，让人眼前一亮。

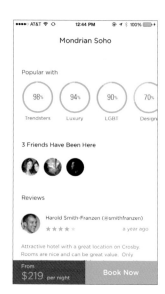

	C0 M0 Y0 K0 R255 G255 B255		C67 M0 Y40 K0 R67 G185 B170
	C25 M18 Y17 K0 R200 G203 B204		C74 M63 Y55 K9 R84 G92 B99

❶ 运用了大面积的白色，搭配少许的薄荷绿和深灰色，给人一种清爽、简单的感觉。

❷ 采用横排式布局，将同类内容横排排列在一起，可通过左右滑动屏幕或点击箭头查看更多内容。

安静

Instagram是一款最初运行在iOS平台上的移动应用，以一种快速、美妙和有趣的方式将用户随时抓拍下的图片分享彼此。

	C0 M0 Y0 K0 R255 G255 B255		C37 M29 Y25 K0 R174 G174 B179
	C89 M62 Y28 K0 R21 G93 B140		C94 M75 Y43 K5 R18 G73 B110
	C84 M80 Y76 K61 R30 G30 B32		

❶ 界面使用了蓝色和黑色，呈现出理智、安静的视觉感受。

❷ 图标采用简单的图形表达功能性，清楚明了，运用颜色区分主次，方便用户操作使用。

❸ 采用横排的布局形式，通过左右滑动屏幕或点击箭头，用户可以浏览更多的相同信息。

神秘

这款旅行类应用可以帮助游客了解当地文化，向用户提供方便的餐饮、住宿等信息。

C18 M49 Y74 K0
R213 G147 B76

C22 M79 Y69 K0
R200 G84 B71

C72 M20 Y34 K0
R60 G158 B167

C45 M46 Y20 K0
R156 G140 B168

C87 M91 Y55 K31
R49 G40 B71

❶主体色彩运用了丁香紫色，表现出神秘、高雅的视觉感受。

❷图标运用了极简的白色线条，精练简洁，清晰地表达了图标的各个功能。

❸大面积的区域留给重要的内容，用户可以左右滑动屏幕浏览信息，这种布局可以直观地将信息展现出来，较为便捷。

简单

这款手机应用界面设计风格简单、雅致。

C0 M0 Y0 K0
R255 G255 B255

C12 M28 Y88 K0
R231 G298 B40

C47 M85 Y76 K12
R143 G62 B60

C50 M39 Y37 K0
R144 G148 B149

C0 M0 Y0 K100
R0 G0 B0

❶色彩运用黑色，搭配浅灰色、黄色和红色明度稍高的颜色，与鲜艳的主体图片一起使画面活泼、生动。

❷图标以圆形为边框，圆润的图标使整体降低沉闷感，鲜艳的色彩提高了图标的辨识度。

❸运用了横排布局，所有元素排列均匀，主次分明。

2.3 抽屉

抽屉布局是将最主要的信息显示在界面上，而将非核心的信息隐藏起来。这种布局方式的优点是：导航的条目不受数量限制，而且可根据选项的重要等级选择提供入口，或者将内容展示，操作灵活性比较大。缺点是：对于那些需要经常在不同导航间切换或者核心功能有一堆入口的App不适用。

童趣

Roll-Camera roll sharing是一款手机照片分享应用，在手机拍摄后可以分享，并且不用担心私人照片的泄露，体验拍照分享后带来的无限乐趣。

C0 M0 Y0 K0 R255 G255 B255	C12 M67 Y56 K0 R218 G113 B95
C64 M9 Y0 K0 R74 G180 B232	C69 M52 Y42 K0 R97 G116 B130
C85 M59 Y94 K35 R37 G73 B43	

❶颜色以深灰色和低明度的绿色为主体颜色，与颜色丰富的卡通形象形成较鲜艳的对比。
❷布局采用抽屉式布局，展示具体内容，抽屉栏微微倾斜，与顶部的卡通形象一起，给人一种童趣的感觉。

整洁

Twitter Music是一个音乐分享应用，用户可以在这里搜索最受欢迎的音乐曲目和新艺术家。

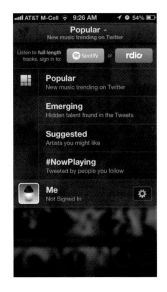

C24 M16 Y16 K0 R203 G207 B208	C56 M6 Y100 K0 R126 G183 B40
C78 M34 Y1 K0 R25 G136 B202	C79 M74 Y71 K45 R51 G51 B51
C0 M0 Y0 K100 R0 G0 B0	

❶色彩以黑色为主体，透明的界面点缀亮丽的果绿色和蓝色，与白色的文字搭配显得酷感时尚。
❷简洁的图标，运用渐变，使图标立体化。
❸运用抽屉式布局，内容分条陈列，界面整洁。

神秘

Gogobot应用的目的是为了帮助人们使用社交网络来规划自己的假期生活，让用户的朋友们推荐去哪里就餐、居住或游玩。

C0 M0 Y0 K0 R255 G255 B255	C5 M4 Y4 K0 R245 G245 B244
C86 M100 Y47 K4 R69 G40 B92	C0 M0 Y0 K100 R0 G0 B0

❶运用了大面积的白色，使界面更加通透。点缀黑色和紫色的文字，表现出对未知的好奇，具有神秘感，符合应用的定位。
❷采用抽屉式布局，将部分信息通过抽屉表现，节约了页面空间。

高端

Spring是一款全新的APP，这款APP在社交网络的基础上添加了购物经历，可以更快捷地购买商品。

C0 M0 Y0 K0 R255 G255 B255	C20 M34 Y64 K0 R212 G174 B103
C3 M78 Y96 K0 R231 G89 B19	C76 M19 Y22 K0 R8 G157 B187
C83 M78 Y77 K60 R32 G33 B33	

❶运用了白色和黑色作为主体颜色，整体呈现出高端大气的感觉。
❷采用了抽屉式布局，节省了界面空间。

高雅

Munchery是一家主打私人厨师菜肴定制和预订服务的网站，为用户提供由世界级名厨烹饪的食物及晚餐外卖服务。

CO M0 Y0 K0
R255 G255 B255

C6 M2 Y3 K0
R243 G247 B248

C20 M10 Y7 K0
R211 G221 B230

C7 M69 Y67 K0
R226 G110 B76

CO M0 Y0 K100
R0 G0 B0

❶颜色运用了白色和浅灰色，界面清新、高雅，使用了橘色作为强调色。橘色能提高人的食欲，符合应用定位。

❷图标采用线描结构造型，简洁的线条将功能表现得很充分，有很强的功能识别性。

❸采用侧边栏的布局，将分类信息安排在侧面，在交互体验上更加自然，和原界面融合较好。

韵律

这款手机应用界面设计风格简约，色彩鲜明。

CO M0 Y0 K0
R255 G255 B255

C5 M75 Y53 K0
R228 G96 B93

C90 M93 Y35 K0
R230 G39 B101

C76 M88 Y59 K35
R68 G41 B64

CO M0 Y0 K100
R0 G0 B0

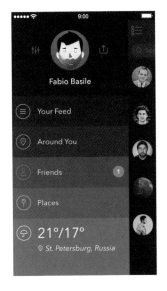

❶色彩采用暗色调，从深紫色到浅咖色的过渡渐变，给人一种较强的韵律感。点缀桃红色活跃了界面气氛。

❷图标运用了圆形线框，简单形象，形式统一，并运用不同的颜色区分功能。

❸布局使用侧边栏，节省页面空间，分类更为详细。直线条与右侧的圆形头像形成对比，富有变化。

优质

Rent The Runway是一个专门做服装设计与租赁的网站，服务周到细腻，价格合理，深受大众喜爱。

C0 M0 Y0 K0 R255 G255 B255	C10 M16 Y11 K0 R232 G219 B219
C41 M49 Y65 K0 R167 G135 B96	C69 M57 Y42 K0 R99 G109 B126
C96 M92 Y55 K32 R24 G39 B70	

❶运用深蓝色为主体颜色，搭配金色文字，营造出一种高雅、优质、专业的氛围。

❷图标运用简单的造型，以不同的颜色区分主次，简洁又不失功能性。

❸将租赁衣物的具体信息以侧边栏的形式展现，可以节约主界面空间。

安静

这款手机应用界面设计清新，风格简约，整体界面只留必要的文字和图片，主体突出，能够引导用户操作，具有很好的用户操作性。

C0 M0 Y0 K0 R255 G255 B255	C17 M22 Y35 K0 R218 G200 B169
C50 M6 Y69 K0 R141 G191 B109	C79 M33 Y14 K0 R18 G137 B186
C91 M65 Y42 K3 R17 G88 B119	

❶运用了大面积的蓝色，营造出理智、安静的视觉气氛。

❷图标设计简洁，运用简单的线条将功能表现出来。

❸个人信息采用侧边栏的方式展现，内容布置合理，主次分明。

2.4 宫格

宫格是非常经典的设计，展示形式简单明了，用户接受度很广。当元素数量固定不变为8、9、12、16时，非常适合采用宫格布局。虽然它有时给人设计老套的感觉，但是它的一些变体目前比较流行，如METRO风格、一行两格的设计等。

鲜明

VANQUISH是知名潮流设计师石川凉于2004年创立的时尚潮牌，作为近年来日本新兴的潮流势力，凭借着其对时尚的独特见解以及年轻人特有的敏锐潮流感，成为目前日本崛起速度最快、最受瞩目的新兴品牌。

C6 M31 Y91 K0 R239 G186 B21	C78 M13 Y92 K0 R26 G157 B71
C11 M95 Y84 K0 R215 G39 B44	C100 M91 Y18 K0 R16 G51 B128
C77 M75 Y75 K50 R51 G46 B43	

❶主体颜色运用了饱和度较高的蓝色，给人以冷静的感觉，搭配其他饱和度较高的颜色，界面颜色丰富，鲜明大胆。

❷图标设计简洁，个别图标运用色块稍微表现出立体效果，整体扁平化的设计表现出强烈的设计感。

❸布局均匀，将各类信息以图标形式表现出来，结构稳定，布局清晰直观。

朴素

Instafocus是一个分享精心挑选的Instagram中的优秀摄影师作品的手机应用，设计简洁，布局均匀，风格雅致。

C0 M0 Y0 K0 R255 G255 B255	C38 M54 Y55 K0 R173 G128 B109
C66 M19 Y26 K0 R85 G165 B182	C0 M0 Y0 K100 R0 G0 B0

❶色彩使用大面积的白色，留有想象的空间的同时，又突出摄影作品图片的质感，给人以朴素、雅致的视觉感受。

❷图标采用简单线条的形式，运用黑色，与背景的白色形成鲜明对比。

❸布局紧凑，结构稳定，能够很好地将图片陈列出来。

放松

VDaybe社交应用的界面设计风格简约，色彩搭配干练，给人一种舒适、放松的感觉。

C0 M0 Y0 K0
R255 G255 B255

C7 M5 Y5 K0
R241 G241 B241

C63 M8 Y1 K0
R78 G183 B232

C54 M42 Y31 K0
R133 G141 B155

C0 M0 Y0 K100
R0 G0 B0

❶运用了灰色和蓝色的纯度对比，具有一定的视觉冲击力，给人一种素雅、安静的视觉感受。
❷图标运用简洁的线条表达出具体功能，简洁又不失特点。
❸布局均匀，整体把握松弛有度。

活力

这款手机应用布局均匀，色彩鲜艳，给人一种热情洋溢、引人食欲的视觉感受。

C0 M0 Y0 K0
R255 G255 B255

C11 M44 Y52 K0
R226 G161 B119

C17 M81 Y100 K0
R208 G80 B23

C77 M83 Y89 K69
R34 G20 B12

❶运用了橙色，能够增进人们的食欲，营造欢快、热闹的气氛，给人一种活力十足、轻快灵巧的感觉。
❷布局严谨，图片与信息组成版块，使整体界面更为稳固，方便用户浏览。

平静

这是一款推荐红酒的应用，风格雅致，给人一种高雅、平静的感觉。

C0 M0 Y0 K0 R255 G255 B255	C0 M77 Y51 K0 R234 G92 B94
C45 M64 Y96 K4 R156 G104 B42	C74 M79 Y0 K0 R93 G68 B153
C82 M80 Y69 K50 R42 G40 B47	

❶颜色运用了接近黑色的深灰色，较为沉闷，搭配颜色鲜亮的红色作为强调色，打破了深灰色带来的沉闷感，也与应用主体相符。

❷图标运用了简单的线条，造型简单，形体统一，使用不同的颜色区分主次，方便用户浏览。

❸布局采用宫格，展示形式简单明了，用户接受度很广。

平和

Sleep Genius是一款帮助用户改善睡眠的手机应用，通过科学的计算让大脑准备好睡眠，引导大脑通过每个阶段的睡眠周期，同时具有闹钟功能，提供温柔而清新的叫醒服务。

C0 M0 Y0 K0 R255 G255 B255	C37 M0 Y77 K0 R177 G210 B89
C100 M97 Y56 K22 R21 G38 B75	C0 M0 Y0 K100 R0 G0 B0

❶运用深蓝色营造出浓浓的睡眠氛围，给人一种安静、平和的感觉，强调色使用了黄绿色，给人轻松欢快的感受，非常适合应用的主题。

❷图标采用线条的方式表现，运用强调色使图标更突出显眼，方便顾客浏览使用。

❸布局均匀且清晰直观，功能显示突出，比较引人注意。

稳定

这款手机界面设计采用了典型的宫格布局，展示形式简单明了，内容能够更多地呈现在用户面前，用户接受度很广。

C0 M0 Y0 K0 R255 G255 B255	C18 M99 Y55 K0 R203 G17 B77
C63 M55 Y52 K1 R115 G114 B113	C79 M74 Y71 K44 R51 G51 B52
C0 M0 Y0 K100 R0 G0 B0	

❶黑色和桃红色的搭配庄重稳定，有较强的对比性，给人以视觉冲击力。
❷极简的图标设计，图标大小统一，功能指示明确。
❸采用宫格搭配TAB的形式，可以轻松地在各种功能间切换。

图标

这款手机界面设计将各个功能根据内容以图标形式表现出来，形式简约，让人印象深刻。

C0 M0 Y0 K0 R255 G255 B255	C14 M13 Y89 K0 R229 G211 B35
C0 M81 Y58 K0 R234 G82 B82	C57 M0 Y83 K0 R119 G190 B82
C86 M61 Y11 K0 R36 G95 B161	

❶色彩十分鲜亮，搭配丰富和谐。
❷图标形体统一，运用不同的颜色表现不同的内容，功能指示明确。
❸将搜索栏与分类结合，能够帮助用户更快地找到相应内容，方便用户使用。

2.5 TAB

采用TAB布局可以减少界面跳转的层级，将并列的信息通过横向或竖向TAB来表现。与传统的一级一级的架构方式对比，此种架构方式可以减少用户的点击次数，提高效率。当功能之间联系密切，用户需要频繁在各功能之间进行频繁时，TAB布局是首选。

热情

BeatsMusic这款应用是比较典型的音乐流媒体服务应用，里面主打定制化特色与内容管理功能，包含超过2000万首歌曲，用以与其他竞争对手进行差异化竞争。

C0 M0 Y0 K0
R255 G255 B255

C11 M96 Y76 K0
R215 G34 B53

C75 M68 Y65 K27
R71 G72 B72

C0 M0 Y0 K100
R0 G0 B0

❶为了避免阴暗色调造成的沉闷感，采用红色作为强调色加以点缀，使得页面变得轻松，并赋予时尚感。
❷图标简单，播放按键的圆形边框同时也是歌曲进度条，使用红色显示歌曲的进度，具有一定的功能性。
❸采用TAB布局，通过点击TAB栏浏览分类，方便从曲库中查找和播放歌曲。

欢乐

Etsy是美国一个在线销售手工工艺品的网站，该网站集聚了一大批极富影响力和号召力的手工艺术品设计师。在这个应用里，人们可以开店，销售自己的手工艺品。

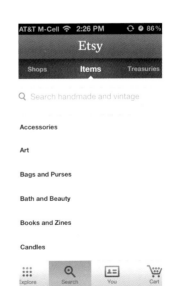

C0 M0 Y0 K0
R255 G255 B255

C17 M71 Y85 K0
R210 G102 B49

C72 M65 Y64 K19
R83 G83 B80

C0 M0 Y0 K100
R0 G0 B0

❶颜色运用了白色、橙色和不同程度的灰色，橙色给人以欢乐、健康的感觉，传达着一种积极向上的精神。
❷图标运用粗细一致的线条，并且加入渐变、内阴影的元素，使图标看起来更立体，识别成本较低。
❸布局采用TAB，可以减少界面跳转的层级，将并列的信息展现，提高效率。

简单

Facebook是一个联系朋友的社交工具。大家可以通过它和朋友、同事、同学以及周围的人保持互动交流，分享无限上传的图片，发布链接和视频，更可以增进朋友之间的感情。

C0 M0 Y0 K0 R255 G255 B255	C3 M2 Y1 K0 R249 G250 B252
C0 M79 Y55 K0 R234 G87 B87	C74 M58 Y17 K0 R83 G105 B158
C0 M0 Y0 K100 R0 G0 B0	

❶色彩比较单一，运用了浅灰色和蓝色，呈现出理智、安静、沉稳的视觉感受。
❷界面无论是从表层的视觉效果，还是从功能和信息的设计，都给人很平淡的感觉，但是这种平淡中却能体现其细致和考究。
❸布局采用TAB，将信息分类，提高页面利用率。

严肃

这款手机应用界面设计风格沉稳，布局直观。

C0 M0 Y0 K0 R255 G255 B255	C74 M45 Y0 K0 R70 G123 B191
C57 M0 Y92 K0 R120 G189 B62	C75 M70 Y54 K13 R81 G79 B93
C0 M0 Y0 K100 R0 G0 B0	

❶以深灰色作为主体颜色，呈现出安静的感觉，简洁现代。高明度的绿色给人一种焕发生机而醒目的感觉。
❷图标采用了线条的方式，反映出追求极致简单的理念。
❸信息整齐排列，在保持统一的现代感的同时，做到局部的突出效果。

简约

Fancy是一款全功能的电子商务平台，可以为用户带来最新的投资，购物流程。可以在Fancy里购买任何东西，从穿着、门票、购买和酒店的房间预定，你能想象的尽在掌中。

	C0 M0 Y0 K0 R255 G255 B255		C15 M11 Y10 K0 R223 G223 B225
	C53 M24 Y9 K0 R129 G170 B206		C84 M77 Y65 K40 R44 G50 B60
	C0 M0 Y0 K100 R0 G0 B0		

❶运用了白色、黑色和不同程度的灰色，黑白灰的搭配是经典的，大气、不落俗套。
❷图标设计简约，运用简单的图形表达出功能。
❸布局以TAB为主，将商品分类并排展现，方便用户浏览使用。

包容

Foursquare是一家基于用户地理位置信息的应用，鼓励用户同他人分享自己当前所在的地理位置等信息。

	C0 M0 Y0 K0 R255 G255 B255		C11 M11 Y13 K0 R231 G226 B220
	C27 M87 Y73 K0 R190 G65 B64		C78 M33 Y16 K0 R31 G138 B183
	C78 M72 Y69 K39 R57 G58 B58		

❶颜色运用了蓝色和不同程度的灰色，给人平静、理智、包容的印象。
❷图标运用简单的造型和渐变，容易识别，方便用户浏览。
❸布局以TAB为主，将多类信息并排安置，分类详细，方便用户使用。

素雅

Munchery是一个私厨特色菜预定的应用，每日通过不同的菜单打造出一个"吃不厌"的外卖平台，用户可浏览各厨师背景和每道菜品的详情。

C0 M0 Y0 K0 R255 G255 B255	C6 M2 Y3 K0 R243 G247 B248
C4 M19 Y66 K0 R246 G211 B103	C6 M64 Y63 K0 R229 G121 B86
C73 M66 Y67 K25 R77 G76 B72	

❶颜色以白色为主，搭配深灰色，使整体画面营造出素雅的氛围，使用暖色作为强调色，引人食欲。
❷布局采用TAB，可以减少界面跳转的层级，将并列的信息展现，提高使用效率。

严谨

Twitter是一个广受欢迎的社交网络及微博的网站，用户可以通过一句话或者一张照片随时分享自己身边的精彩，是微博客的典型应用。

C0 M0 Y0 K0 R255 G255 B255	C0 M57 Y92 K0 R241 G137 B22
C73 M36 Y8 K0 R66 G137 B192	C64 M55 Y52 K2 R112 G113 B113
C80 M74 Y73 K49 R45 G47 B46	

❶颜色运用了白色、深灰色和蓝色，表现出严谨、理智等视觉感受。
❷图标采用简单的形状，添加了渐变效果，用颜色区分主次，降低识别成本，有利于用户的使用操作。
❸布局采用TAB，将同级信息并列展现，在节省页面空间的同时，也大大提高了用户的使用效率。

2.6 轮盘

轮盘是一种较特别的布局，能够给人耳目一新的体验，一般用于分类、导航一类具有引导功能的界面。这种布局能够最大程度地保证应用的页面简洁性，操作也是最方便的。有一些轮盘界面还有非常吸引人的动画效果，精致又具功能性。

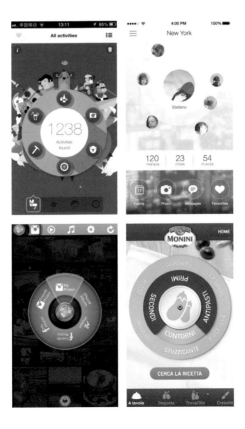

可爱

这款手机界面设计将图标与各种卡通形象用圆形转盘的形式组合展示，如同一个旋转的地球，整体造型十分可爱，具有趣味性。

	C0 M0 Y0 K0 R255 G255 B255		C7 M27 Y68 K0 R238 G194 B96
	C59 M17 Y33 K0 R111 G173 B172		C19 M97 Y87 K0 R202 G34 B43
	C0 M0 Y0 K100 R0 G0 B0		

❶大红色与青色搭配有较强的视觉冲击力和对比性，让人印象深刻。
❷图标设计简约，却不失趣味性，并添加了光影效果，使图标视觉上更立体，功能指示明确。
❸采用轮盘与TAB搭配的布局，可以将并列的信息一同表现。

星球

这款手机界面设计如同一个天体轨道，数个圆形头像好似星球围绕着中心太阳运行着。模糊的背景搭配简洁的设计元素，令人赏心悦目，十分雅致。

	C7 M5 Y5 K0 R241 G241 B241		C64 M44 Y76 K2 R110 G128 B84
	C42 M22 Y12 K0 R159 G182 B206		C51 M79 Y66 K11 R136 G72 B74
	C58 M73 Y26 K0 R129 G86 B133		

❶采用简约毛玻璃风格的界面设计，给简单的界面增加了空间感，突出了视觉中心。
❷整个设计中都应用了圆形元素，构成整个界面既统一、个性，又巧妙联系的视觉语言。
❸界面采用轮盘布局，圆润的形状增加了活泼的气息，增强了界面的柔和感，整体风格统一。

便利

这款手机界面设计像一辆汽车行驶在城市中，切合应用的主题，给用户体验增加了趣味性。

	C0 M0 Y0 K0 R255 G255 B255		C73 M21 Y2 K0 R36 G157 B216
	C17 M13 Y12 K0 R218 G218 B219		C44 M36 Y34 K0 R158 G157 B157
	C0 M0 Y0 K100 R0 G0 B0		

❶亮丽的蓝色在浅灰色调的背景中十分跳跃，传达出欢快与清澈的感觉。
❷扁平风格的精彩应用简洁而自然地呈现出准确而轻快的界面。
❸圆形导航如同一个汽车方向盘，通过滑动旋转圆形导航进行功能选择，使用户方便准确地到达目的地。

信任

Photovine是一个社交应用App，人们在这里可以制作有趣、独特的图片集，并且可以通过描述这些图片中相关的故事或者想法，将志同道合的陌生人变成朋友。

	C0 M0 Y0 K0 R255 G255 B255		C70 M15 Y10 K0 R53 G167 B210
	C89 M57 Y37 K0 R5 G100 B133		C0 M0 Y0 K100 R0 G0 B0

❶蓝色的导航在深色背景的衬托下，增添了复古情趣。
❷将蓝色与平实的白色图案元素以及常规字体巧妙地结合在一起，简单明了。
❸轮盘式的导航，就像是一架照相机的光圈，符合该应用的主题。

自然

MONINI纯正橄榄油是意大利橄榄油品牌MONINI推出的手机应用，用户可以在应用上正确使用橄榄油，并制作出健康美味的食物。

C0 M0 Y0 K0 R255 G255 B255	C9 M86 Y67 K0 R219 G68 B68
C36 M18 Y87 K0 R180 G186 B60	C62 M39 Y100 K0 R117 G136 B48
C86 M56 Y96 K27 R34 G83 B47	

❶运用了不同深浅的两种绿色，与品牌相符，传达出自然、健康的品牌理念。

❷图标是运用与烹饪相关的图形和文字构成的，图形并貌，一目了然。

❸将主要内容以轮盘的布局放在中间区域，次要内容置在底部，主次分明，有利于用户浏览。

安全

Webroot是一款杀毒软件的移动端应用，致力于提供最优的安全解决方案，以保护个人信息和企业资产免受在线和本地的威胁。

C0 M0 Y0 K0 R255 G255 B255	C23 M90 Y80 K0 R197 G58 B54
C22 M6 Y28 K0 R209 G223 B195	C66 M24 Y100 K0 R100 G153 B50
C63 M41 Y100 K1 R114 G132 B48	

❶颜色使用了草绿色，象征着安全，红色作为强调色，起到警示作用，并且调和了整体画面。

❷纤维质感的背景与转盘，使扁平的文字图标形成凹凸状，增强了立体感。

❸中心圆形主图标起着显示查杀病毒进度的作用，清晰直观。

简练

这款手机应用界面设计拥有和谐的蓝白色风格，清新、简约，传达出欢快与清澈的感觉。

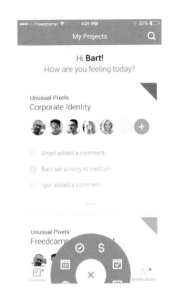

C0 M0 Y0 K0 R255 G255 B255	C7 M5 Y5 K0 R241 G241 B241
C0 M82 Y44 K0 R233 G78 B100	C66 M0 Y45 K0 R74 G185 B161
C71 M27 Y0 K0 R61 G151 B212	

❶ 使用大面积的空白背景搭配少许的色彩，呈现出安静、平和的氛围。
❷ 基本的图形图标与纤细的文字搭配，让交互界面显得简洁细腻。

丰富

这款手机界面设计将用户头像以轮播的形式排列出来，主次分明，方便用户操作使用。

C0 M0 Y0 K0 R255 G255 B255	C10 M8 Y8 K0 R234 G233 B232
C0 M82 Y82 K0 R234 G80 B46	C69 M39 Y11 K0 R86 G136 B185
C0 M0 Y0 K100 R0 G0 B0	

❶ 整个界面色彩以大面积的留白搭配黑色形成强烈对比，点缀跳跃的橙色，来吸引用户的注意力。
❷ 整个设计以圆形元素为主，结合条状信息栏，形成对比。
❸ 采用圆盘的布局，通过滑动手机屏幕查看用户信息，清晰直观。

2.7 列表

列表布局由于不会默认展示任何实质内容，所以通常用于二级页。这种布局方式适用于类别、方式、类目比较多的情况，适合整理分类，结构清晰，冷静高效，能够帮助用户快速地定位到对应的页面。但是，使用这种布局方式要避免层级过深，尽量不要超过3层，否则用户很容易迷失在信息中。

严谨

Instagram是一款功能非常强大的照片分享应用，用户可以每天拍摄照片和视频，将它们转变为精美的艺术与亲朋好友分享。

❶颜色运用了白色、蓝色和深灰色，给人一种严谨、值得信任的感觉。
❷文字利用不同的颜色使界面富有变化。
❸采用水平条纹式的布局，每一行都包含着圆形头像、信息和方形照片。

柔美

iTunes Store是一个由苹果公司营运的音乐商店，是一部绝佳的数字音乐点唱机。

❶利用少许的桃红色，使界面散发出柔美娇艳的气息，充满活力。
❷大面积留白很容易集中用户的视线到内容上去，突出了焦点，整体给人一种典雅高级的感觉。
❸采用水平条纹式的布局，将歌曲信息排列，整齐美观，用户接受度很高。

纯粹

Product Hunt引以分享最新的移动应用程序、网站、硬件项目和技术的应用，是一个新产品分享，发现和点评的社区。用户可以点击产品前面向上的箭头，为这款产品投上一个赞同票，表示自己喜欢或认可这款产品。

C0 M0 Y0 K0
R255 G255 B255

C4 M2 Y3 K0
R247 G249 B249

C29 M20 Y18 K0
R191 G196 B200

C6 M84 Y81 K0
R225 G74 B49

C77 M66 Y62 K21
R70 G79 B81

❶大面积留白构成大量的自由空间，页面干净，给人一种纯粹、雅致的感觉。
❷使用橙色为强调色，避免整个界面过于沉闷。
❸简单的图标和常规字体宣扬着最小化设计风格。

大气

ABC播放器是一款视频播放应用，其提供了大量的热门美剧资源，用户可以享受到高清的视觉体验。

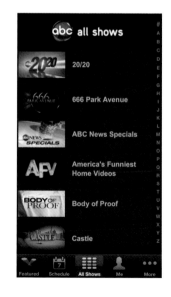

C0 M0 Y0 K0
R255 G255 B255

C71 M28 Y23 K0
R70 G149 B178

C64 M56 Y53 K2
R112 G111 B111

C0 M0 Y0 K100
R0 G0 B0

❶这款手机的界面设计大面积使用黑灰色，不仅能显得大气有张力，而且展现出来的信息聚合度高。
❷淡蓝色的文字在深色背景的映衬下十分显眼，信息清楚。
❸通过拟物化电影电视导向图标的刻画，吸引了客户。

清爽

Slack是一款用于办公交流的应用，通过聚合不同平台信息让使用者更专注，让企业内外沟通更高效，随时随地移动办公。

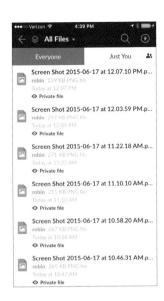

CO MO YO KO
R255 G255 B255

C68 M0 Y96 K0
R78 G178 B59

C78 M49 Y0 K0
R57 G115 B186

C86 M77 Y63 K37
R41 G52 B64

❶运用大面积的白色，并使用蓝色作为强调色，界面干净整洁，给人一种清爽、干净的视觉信息。
❷图标运用了简单的线条形式，简洁又不失功能性，辨认度高，利于用户使用。
❸采用列表布局，可以包含比较多的信息，用户使用方便。

简约

Googlemaps谷歌地图是谷歌公司提供的电子地图服务，包括局部详细的卫星照片。此款服务可以提供含有政区和交通以及商业信息的矢量地图、不同分辨率的卫星照片和可以用来显示地形和等高线地形视图

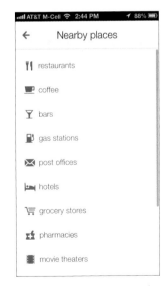

CO MO YO KO
R255 G255 B255

C9 M7 Y7 K0
R236 G236 B235

C67 M59 Y56 K5
R103 G103 B103

C0 M0 Y0 K100
R0 G0 B0

❶颜色使用了白色和浅灰色，界面干净简约，给人一种简单、宁静的视觉感受。
❷图标采用了简单事物造型，各有特色，又不失统一完整性。
❸采用列表布局，将分类内容依次排列，页面整齐美观，用户接受度很高。

干练

Moleskine Timepage是一个极简设计的日历记事应用，借鉴了纸质记事本的理念，为了像在纸张上一目了然近期日程，摒弃常见的月历视图，而采用连续滚动式日历，设置时间线显示事件的时间范围，成为用户可以随身携带的电子笔记本。

C0 M0 Y0 K0 R255 G255 B255	C15 M10 Y19 K0 R224 G224 B210
C86 M57 Y15 K0 R27 G101 B160	C0 M0 Y0 K100 R0 G0 B0

❶蓝底白字，给人以理智、干练的印象。
❷竖式的时间线与横式的事件标题形成视觉对比，结合纤细的线条让扁平化的界面增加了变化。
❸整个界面设计结合了笔记本的元素，像笔录日程一般，只列出了事件的标题与时间，简洁直观。

简洁

WeWork Commons是一个办公场地租赁平台，同时也是一个企业社交应用，以关注自己创业的商务人士为主。

C0 M0 Y0 K0 R255 G255 B255	C19 M14 Y14 K0 R214 G214 B214
C11 M35 Y72 K0 R229 G177 B84	C81 M75 Y71 K47 R45 G48 B50

❶运用了白色、黑色和橙色，界面简洁，橙色给人一种温馨、舒适的感觉，与应用主题相符。
❷图标简洁，功能易于识别，让人一目了然。
❸以列表形式给出当前求租人员的信息，视觉上整齐美观，用户操作方便。

第 **03** 章

色彩（移动设备）

3.1 单一色

单一色的设计只能选定一种色彩，这样能够使整个界面设计具有完整性、统一性，并通过调整透明度和饱和度，从而产生色差形成新色彩，可以更好地表达重要的信息和界面的层次，并把良好的视觉效果展现给用户。但若处理不当，容易变得单调呆板。

信任

Foursquare是一款基于用户地理位置信息的社交类应用，并鼓励用户同他人分享自己当前所在的地理位置等信息。

C0 M0 Y0 K0	C1 M84 Y31 K0	C100 M92 Y10 K0
R250 G250 B250	R231 G72 B114	R18 G48 B134

❶主体色调运用了蓝色，给人可靠、信任的感觉，以明亮的桃红色作为辅色，使用户社交时感到平静放松，同时又增添了一点浪漫的情调。
❷大面积的白色也会使界面显得更加通透。

可爱

这款分享图片的社交应用，其界面设计保持了很好的一致性，整体视觉体验十分流畅。张扬的粉红色成为塑造个性气质的关键。

C0 M0 Y0 K0	C0 M80 Y34 K0	C33 M94 Y63 K0
R250 G250 B250	R233 G83 B114	R181 G46 B73

❶采用高明度、高彩度的粉红色作为主色，气氛可爱活泼，使用饱和的粉红色表现生动华丽的效果，非常吸引人眼球，给人留下深刻的印象。
❷图片展示界面采用九宫格布局，展示形式简单明了，有利于用户操作。

安心

Citymapper是一款专营旅行计划和交通指南的应用，清爽的绿色界面给人以纯净、自然、环保的感觉，配合卡通形象体现出旅行的特质。

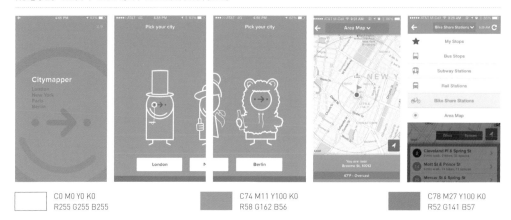

C0 M0 Y0 K0 R255 G255 B255	C74 M11 Y100 K0 R58 G162 B56	C78 M27 Y100 K0 R52 G141 B57

❶绿色显得十分清新、活泼，营造出舒适、安心的感觉。以白色为强调色，搭配更深一些的绿色，使得信息非常醒目。

❷启动界面的设计很有创意，用深绿色描绘出一张笑脸的形象，鼻子用箭头表示，增强了趣味性。

❸以交通工具为元素的图标，十分符合应用主题。

热情

Readability是一款超赞的工具类应用，目的是重新排版用户浏览网页的格式，将无关的内容和图片剔除，提高用户的阅读体验。红色激发了用户的阅读热情。

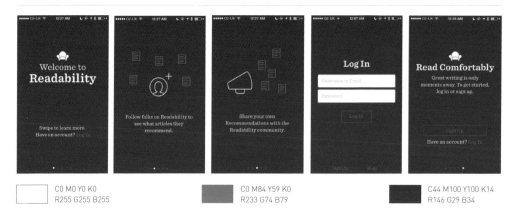

C0 M0 Y0 K0 R255 G255 B255	C0 M84 Y59 K0 R233 G74 B79	C44 M100 Y100 K14 R146 G29 B34

❶界面采用红色为主色调，包括线性按钮和图标都采用了红色，减少冗余信息的干扰，使用户专注于主要信息的获取，符合该款应用的特质。

❷白色的文字强调出的信息与交互的重点一目了然，并让整个网站看起来干净利落。

❸主体图标采用线性结构，极其简洁；次要图标用更加饱和的红色来表达，主次一目了然，方便用户的直观操作。

3.2 多彩色

多彩色的界面设计多见于儿童使用的界面或与色彩相关的界面等。运用高明度、高纯度的颜色能够吸引用户的注意，较适合青少年儿童使用；而饱和度稍低、颜色搭配得当的界面设计在达到视觉冲击力的同时也调和了视觉表现，具有很强的识别性。

欢快

创意贴纸书教育手机应用是一个培养孩子动手能力和审美能力的应用。整款设计运用了卡通形象，色彩鲜艳跳跃，符合童心，能够瞬间抓住孩子的眼球，引起欢乐兴奋的情绪体验。

C6 M13 Y23 K0
R242 G226 B201

C43 M0 Y9 K0
R151 G213 B231

C78 M16 Y62 K0
R13 G156 B121

C28 M99 Y100 K0
R188 G31 B33

C56 M80 Y94 K33
R105 G56 B33

❶使用明亮、鲜艳的配色，保证整个设计风格能体现出轻松、快乐的感觉。

❷图标融入自然和拟物化的元素，易于孩子识别。

❸文字添加手写字体，并且十分醒目，体现趣味、愉快的感觉。

真实

Crayon Style蜡笔风格绘画应用可以将用户的移动终端变成一张电子图纸，用户可以运用24种颜色绘画，并有多种绘画风格可供选择。

C3 M2 Y6 K0
R250 G250 B243

C9 M13 Y88 K0
R239 G215 B35

C34 M94 Y100 K0
R178 G48 B35

C87 M66 Y0 K0
R38 G87 B166

C62 M75 Y80 K36
R91 G59 B47

❶采用多种颜色来表现这一款应用的性质，表现出绘画类应用的特性。

❷图片界面采用九宫格的布局，错落有致地叠加排列，随意自然，美观地展现出大量的绘画作品。

❸绘画界面下方的工具栏加入了木材的质感，就像一张画板，增加了绘画的真实感。

欢乐

这款手机UI为一款有关文字游戏的应用，采用了明度较低的对比色进行搭配，营造出积极、欢乐无限的感觉。

C12 M9 Y23 K0
R230 G228 B204

C2 M22 Y37 K0
R248 G211 B166

C30 M60 Y95 K0
R189 G119 B37

C20 M79 Y91 K0
R203 G84 B40

C73 M17 Y40 K0
R52 G160 B159

❶字体圆润可爱，能够引起用户欢乐兴奋的情绪体验。

❷卡通形象使界面显得更加活泼，增加了游戏趣味性。

❸整体设计采用纸雕的形式，具有层次感，十分新颖。

寒冷

Snowhill是一款关于滑雪的应用，深受滑雪爱好者的喜欢，可以实时显示滑雪地点的天气等情况。

C16 M13 Y7 K0
R220 G219 B228

C18 M48 Y81 K0
R213 G148 B62

C76 M37 Y97 K1
R70 G130 B59

C45 M94 Y91 K15
R143 G43 B42

C78 M52 Y18 K0
R63 G112 B162

❶以雪山作为背景，给人以寒冷的感觉，与应用主题呼应。

❷界面色彩丰富，红色的导航条增加了温暖感，充满活力。

❸布局清晰，信息界面一目了然。电话、急救等信息在非常显眼的位置，非常实用。

3.3 无彩色

无彩色的界面设计，通过降低纯度处理制造无色相背景，黑白形成明度差关系，非常容易突出主体内容的真实性。在界面设计中，面积、构图、节奏、颜色、位置等一切可以发生变化的元素的比例的把握是很重要的，可以形成视觉的强烈冲突。

严谨

这款手机UI设计是一款理财APP，整体呈现了金融行业的严谨与商务的特性。

 C12 M9 Y9 K0
R230 G229 B229

C79 M67 Y54 K12
R69 G83 B96

C79 M73 Y66 K36
R57 G59 B63

C0 M0 Y0 K100
R0 G0 B0

❶采用无彩色的设计，运用黑色和不同明度的灰色搭配，将这款理财应用应具备的低调、深沉、严肃的商务风格表现得很充分。为了避免界面过于沉闷，采用白色作为强调色加以点缀。

❷布局以竖版为主，界面清晰明确，方便操作。

沉稳

这款手机UI设计形体造型简练，整体把握松弛有度，加入了金属的质感，使整款设计清晰直观、沉稳大气。

C5 M4 Y4 K0
R245 G245 B244

C65 M56 Y53 K2
R110 G111 B111

C76 M70 Y67 K30
R67 G67 B67

C0 M0 Y0 K100
R0 G0 B0

❶主体颜色运用黑色，搭配着灰色来表现金属的坚硬感，整体呈现出一种压抑、沉重的氛围。

❷布局主要采用竖版布局，界面信息直观。

事实

这是一款Circa 新闻应用，整体采用了灰色调，给人以严肃的直观印象。

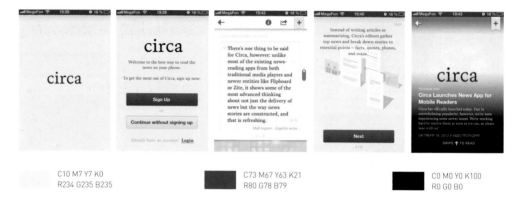

C10 M7 Y7 K0
R234 G235 B235

C73 M67 Y63 K21
R80 G78 B79

C0 M0 Y0 K100
R0 G0 B0

❶采用无彩色的设计，背景颜色运用灰色，黑色与深灰色为强调色，突出了文字的力量感，新闻是事实的报道，体现了尊重事实的严肃性。
❷采用竖版布局，用颜色和字体大小来区分主次，并且采用了卡片化的设计，使每份信息清晰直接，有助于用户使用。

平静

Artsy是一款艺术作品发现平台应用，用户可以在 Artsy 上身临其境地欣赏每日更新来自全球著名当代画廊、艺术博览会和博物馆中展出的超过15万件艺术作品。

C0 M0 Y0 K0
R255 G255 B255

C74 M70 Y63 K24
R77 G72 B76

C0 M0 Y0 K100
R0 G0 B0

❶整体颜色运用了黑色，简洁、稳重、大气是这款艺术类应用给人的第一印象。黑色和搭配的浅灰、白色能让用户以一种平静的心态去欣赏艺术品。
❷主页运用通栏的图片作为背景，提升了视觉表现力度，极易渲染出氛围。

第 **04** 章

应用（移动设备）

4.1 购物

购物应用是购物网站在可移动的操作系统
（如手机、平板电脑等）上提供的更快捷
的服务平台，方便了人们的生活。这类应
用需要标清产品的可选项，整体不能显得
杂乱。一款优秀的购物类应用可以让人一
目了然地找到自己需要的东西，既能够愉
悦消费者，也能提高品牌的销售额。

个性

Gmarket是韩国最大的综合购物网站的手机端应用，在韩国在线零售市场中的商品销售总值方面排名第一。柔和的亮紫色在白色的映衬下格外可爱。

 C7 M11 Y87 K0
R243 G220 B37

C17 M91 Y79 K0
R206 G54 B53

 C82 M73 Y50 K11
R64 G74 B98

 C69 M5 Y33 K0
R57 G179 B180

C74 M63 Y0 K0
R85 G96 B170

❶此款应用中的强调色采用了和紫色互补的黄色以及红色，营造出个性强烈的氛围。

❷以竖版布局为主，详尽信息界面用强调色突出了信息主体，使用户能够直观地使用

❸扫码功能可以使用户更方便地查询商品详细信息。

典雅

这款手机购物应用设计采用深蓝色和香槟色为主要配色，塑造了高贵、典雅的网上购物环境，商品界面中干净的白色背景衬托出产品的品质。

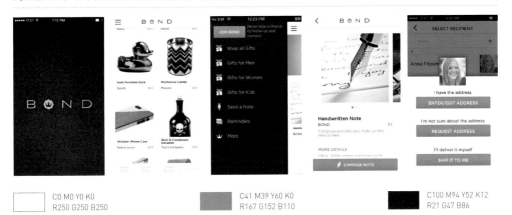

C0 M0 Y0 K0
R250 G250 B250

C41 M39 Y60 K0
R167 G152 B110

C100 M94 Y52 K12
R21 G47 B86

❶商品陈列界面清晰直观，用户能够更快捷地选择自己需要的商品。
❷以香槟色作为辅助色，搭配制作精细的图标，增强了高贵奢华感。
❸整个界面的设计简洁大方，干净、规整有秩序。

轻松

这款手机购物应用界面清新明快，比较迎合年轻人的口味，使用高明度的色彩营造出轻松的购物环境，增加用户的购买欲。

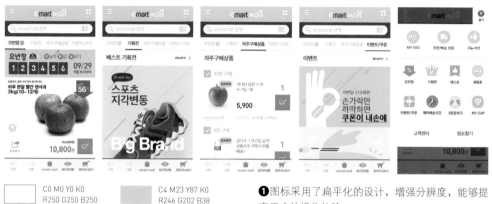

C0 M0 Y0 K0
R250 G250 B250

C53 M0 Y18 K0
R120 G201 B213

C77 M71 Y69 K37
R60 G61 B60

C4 M23 Y87 K0
R246 G202 B38

C65 M72 Y78 K35
R86 G63 B51

❶图标采用了扁平化的设计，增强分辨度，能够提高用户的操作体验。

❷白色作为主色，点缀醒目的强调色，使用户的注意力集中在商品信息上。

❸版式中文字的层次关系处理得当，信息众多却不显杂乱。

时尚

这款Shoescribe是美国的一家主营女式时尚鞋履的购物类应用，界面由黑色、灰色和白色组成，极其简单大方，时尚感十足。

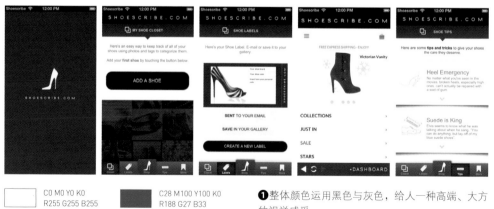

C0 M0 Y0 K0
R255 G255 B255

C19 M14 Y14 K0
R214 G214 B214

C0 M0 Y0 K100
R0 G0 B0

C28 M100 Y100 K0
R188 G27 B33

C66 M57 Y54 K4
R106 G107 B107

❶整体颜色运用黑色与灰色，给人一种高端、大方的视觉感受。

❷整体布局以竖版为主，　可以包含比较多的信息，在视觉上整齐美观，用户接受度很高。

❸为了配合这种简约时尚的感觉，所有图片做了背景的简化处理，突出商品的特点。

4.2 社交

社交应用是移动客户端最热门的应用领域，种类繁多。在社交环境下，需要针对不同的用户群，来选择合适的颜色作为应用的主色调，如蓝色会给人一个清洁干净、诚实的社交环境，为用户营造一种轻松和谐的氛围，红色可以给人亲切温暖的感觉。由于社交类应用信息非常大，因此界面的内容信息页必须清晰有条理。

信任

Instagram是一款以快速、美妙和有趣的方式来分享用户世界的社交应用。该应用的用户体验非常流畅，有较高的使用效率。这个界面设计给人非常沉稳的感觉，营造出受信任的印象。

C24 M18 Y18 K0
R203 G203 B202

C83 M60 Y33 K0
R54 G98 B136

C0 M0 Y0 K100
R0 G0 B0

C70 M0 Y86 K0
R66 G177 B81

C75 M68 Y63 K23
R74 G75 B77

❶以深灰色和白色为主色，中明度的蓝色为强调色，好似一片天空，广阔而美好，十分适合社交类的应用。
❷简单的导航有利于快速分享照片。

乐观

Happier是一款社交应用，用户可以通过文字和图片的形式在上面分享一些开心的瞬间，把快乐带给家人和朋友。

C50 M1 Y30 K0
R133 G202 B191

C0 M60 Y92 K0
R240 G131 B23

C78 M73 Y73 K45
R52 G57 B50

C10 M32 Y92 K0
R232 G181 B21

C68 M60 Y58 K8
R99 G99 B98

❶主体颜色采用橙色，表现出积极乐观与健康向上的感觉。主界面十分可爱，让人看了心情愉悦。
❷卡片化的信息界面有效地隔开了各个信息标签，清晰有条理。
❸整体布局仍然采用底部Tab的形式，share happy按钮可以快速发布快乐信息，也可以通过右上角的today按钮向下滑出的界面来发布。

信赖

Twitter是一家美国社交网络的移动端应用，该网站是全球互联网上访问量最大的十个网站之一，是微博客的典型应用。

C0 M0 Y0 K0 R255 G255 B255	C64 M23 Y0 K0 R89 G162 B217	C0 M0 Y0 K100 R0 G0 B0

❶采用了色调一致的设计风格，蓝色对受众者很有吸引力，给人以可靠、信赖的感觉，与白色搭配，营造出平静、放松的社交环境。

❷布局以经典的竖版为主，符合用户的手机使用习惯。在信息界面运用TAB，提高了使用效率。

轻快

Love Gun是一款情侣间互送情书的应用，利用心形和丘比特之箭等元素传递出浓浓的爱意，而长着翅膀的黑人爱神丘比特给应用增加了幽默感。

C9 M6 Y64 K0 R240 G229 B1151	C19 M93 Y57 K0 R202 G46 B78
C27 M0 Y23 K0 R197 G227 B209	C47 M0 Y42 K0 R145 G205 B168
C65 M20 Y60 K0 R97 G161 B122	

❶清爽的薄荷绿为主体色，给人一种轻快、健康有活力的感觉。运用高明度、高彩度的红色与黄色为强调色，十分惹眼。

❷界面的重点信息标签做了倾斜的处理，在主界面中体现出快速的感觉，明亮颜色的对比与倾斜的标签营造出一些复古的感觉。

4.3 游戏

游戏类应用是在移动设备上运行的游戏软件，这类应用满足了用户随时随地玩游戏的娱乐需求。游戏界面的优劣决定了游戏可玩性的高低，由于受移动设备屏幕的限制，界面涵盖的信息量有限，因此游戏界面的设计应该画面精美直观、布局合理，操作便捷，从而使用户能够高效便捷地操控游戏，从游戏中体会到快乐。色彩在游戏画面中不仅能够吸引用户的注意，同时还可以为游戏创建特定的意境。

复古

Rune Raiders是一款休闲策略型游戏，有点即时战略的味道，又兼顾角色扮演的深度，用户需要通过灵活地变换冒险团队的阵型，来消减阻挡的怪物们。该游戏剧情简单，易操作，整个界面设计洋溢着淡淡的复古风。

C18 M24 Y80 K0
R218 G191 B70

C50 M93 Y100 K27
R122 G39 B29

C77 M79 Y92 K66
R37 G27 B15

C46 M13 Y31 K0
R149 G190 B181

C84 M63 Y98 K45
R36 G61 B32

❶在颜色上采用低彩度多颜色的搭配，使整款游戏复古感十足。

❷布局紧密，重点突出游戏界面，标签采用了羊皮纸卷的造型设计，贴合整款游戏风格。

❸金属质感的图标有中世纪战场的气氛，流露出很强的复古风。

魔幻

这是一款神话题材的手机游戏应用，故事取材于希腊神话，用户探索充满传奇异想的世界，挑战传说中的恶魔，拯救即将毁灭的人类末世。

C15 M11 Y10 K0
R223 G223 B225

C59 M95 Y74 K43
R89 G25 B41

C0 M0 Y0 K100
R0 G0 B0

C59 M18 Y55 K0
R115 G169 B132

C96 M85 Y58 K32
R21 G47 B70

❶颜色采用蓝色、绿色、紫色等冷色系，给人以冰冷黑暗色的感觉。

❷布局以侧边栏为主，重点突出游戏界面。

❸这款游戏采用了虚拟与现实相结合的界面创意。

可爱

Triple Town是一款画面超萌，超级可爱的益智休闲类消除游戏，三消玩法是游戏的精髓，用户在不断的消除中，建设着自己梦想中的乡村小镇。整个游戏充满了一种独特的挑战乐趣。

C67 M26 Y2 K0
R80 G155 B211

C28 M48 Y81 K0
R194 G143 B65

C26 M0 Y44 K0
R201 G225 B165

C77 M53 Y84 K16
R68 G98 B65

C80 M71 Y81 K51
R43 G49 B39

❶整个界面主体颜色采用低明度的草绿色，搭配中黄色作为强调色营造出一个舒适、欢快的氛围。

❷各种卡通风格的草丛、灌木、树木、岩石、房屋、教堂、城堡以及迷你村民营造出一个充满趣味的丰富世界。

❸游戏名称也加入了城堡元素，粗犷而不失细腻。

活泼

Mega Jump是一款轻松的跳跃类游戏，用户通过收集硬币，可以赢得巨大的组合星星爆炸效果，从而得到胜利的快感。

❶小怪兽作为游戏的主角，可爱生动的表情赋予了其丰富的生命力。

❷画面的配色绚丽，精致可爱的画风博得不少用户的芳心。

❸让人大跌眼镜卡通图形和美丽的多层次背景，营造出极具轻松活泼的游戏氛围。

4.4 天气

天气类应用满足了用户日常出行的需要，界面设计通常以实用为主，画面尽量简洁，保持一致性，突出了天气情况，信息清晰直观，方便人们使用。

温度

雅虎天气应用手机界面重点突出了室外温度的展示，数字设计偏大，让人直截了当地关注到当天的气温状况。

C0 M0 Y0 K0
R255 G255 B255

C68 M35 Y0 K0
R88 G143 B204

C79 M46 Y100 K8
R62 G112 B53

C62 M55 Y72 K7
R114 G109 B81

C0 M0 Y0 K100
R0 G0 B0

❶主界面设计美观大方，以定位城市的标志性建筑为背景。

❷内容界面中，为了突显文字信息，将背景进行了模糊化处理，并添加了灰色蒙版。

简单

Take Weather是一款天气应用，用户通过上传自己的照片，使用这个应用程序来分享他们的照片。

C0 M0 Y0 K0
R255 G255 B255

C72 M45 Y16 K0
R80 G125 B172

C72 M64 Y61 K14
R87 G87 B88

C0 M0 Y0 K100
R0 G0 B0

❶以白色为主体色，画面简洁有力，配合黑色作为强调色，突出了信息的直观性。

❷界面布局以竖版为主，信息清晰，有利于用户操作。图片界面运用了九宫格布局，展示形式简单明了。

优雅

SKYE图片天气手机应用是一个简单而优雅的天气应用程序，用户可以在选定的位置查看当前天气和未来五天的天气预报。

 C0 M0 Y0 K0
R255 G255 B255

C9 M40 Y88 K0
R231 G168 B40

 C100 M95 Y33 K0
R25 G46 B122

C78 M72 Y69 K38
R58 G58 B59

 C0 M0 Y0 K100
R0 G0 B0

❶主体颜色运用了黑色和灰色，背景采用了大张的天空图片来填充，非常符合此类应用的整体感觉。

❷布局以竖版布局为主，天气信息一目了然，十分方便。

简洁

这款手机天气应用设计简洁，突出重点，界面布局错落有致。

 C0 M0 Y0 K0
R255 G255 B255

C0 M47 Y91 K0
R244 G158 B23

 C3 M81 Y97 K0
R230 G82 B17

C74 M67 Y64 K23
R76 G76 B77

C0 M0 Y0 K100
R0 G0 B0

❶以白色为强调色来突出文字和天气模块，与背景图片相映相衬。

❷侧边栏的设计很巧妙，半透明色块使得天气页面变得轻松。

❸搜索界面的配色较为暗沉，也采用了白色来强调文字，辅助色彩则使用了明度稍高的灰色来搭配。

4.5 音乐播放器

音乐播放器是一种用于播放各种音乐文件的多媒体播放软件。它涵盖了各种音乐格式的播放工具，界面设计美观，操作简单，适合所有音乐爱好者使用。

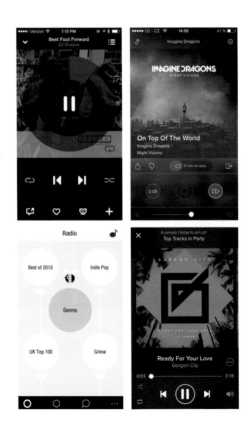

张力

这款Beats Music手机音乐播放器应用的设计颜色运用鲜明大胆，对比强烈，能迅速抓住人的视线，有很强的视觉冲击力。

C0 M0 Y0 K0
R255 G255 B255

C60 M99 Y23 K0
R128 G30 B115

C0 M0 Y0 K100
R0 G0 B0

C34 M62 Y8 K0
R178 G116 B165

C11 M96 Y74 K0
R215 G34 B56

❶界面设计简洁又不失特点，布局紧凑，配合着高纯度的颜色，展现出强大的视觉张力。
❷以白色为强调色，介入黑色和红色、紫色之间进行调和。
❸标签界面将标签设计成圆形，比普通的列表类标签更具有趣味性。

跃动

这款手机音乐播放器应用的设计以浅灰色和低明度的黄色搭配，和白色的对比在视觉上营造出一种跃动感。

C0 M0 Y0 K0
R255 G255 B255

C6 M15 Y88 K0
R244 G214 B32

C0 M0 Y0 K100
R0 G0 B0

C6 M6 Y10 K0
R243 G240 B231

C67 M59 Y56 K5
R103 G103 B103

❶图标设计简约，强调色运用黑色，能够很好地避免浅色容易造成的过于欢快、轻浮的感觉。
❷布局协调均匀，整体把握松弛有度。

互动

这款手机音乐播放器应用使用了经典的红色、黑色来设计，又有蓝灰色作为辅助色搭配，使得整个界面既没有大面积黑色的沉闷，也没有红色的热情过度。

　C0 M0 Y0 K0
R255 G255 B255

　C70 M49 Y27 K0
R91 G120 B154

　C36 M96 Y72 K1
R173 G41 B63

　C76 M69 Y62 K23
R72 G73 B78

　C0 M0 Y0 K100
R0 G0 B0

❶ 播放界面中的歌曲信息栏上部的锯齿化设计使信息栏与背景有了更深层次的互动。

❷ 歌曲信息列表中的专辑封面添加了白色外框，可以更好地突出封面内容，让用户更加直观地看到封面信息。

复古

这款手机音乐播放器应用散发着浓烈的复古气息。

　C0 M0 Y0 K0
R255 G255 B255

　C68 M34 Y100 K0
R98 G139 B51

　C55 M46 Y57 K0
R134 G132 B112

　C69 M81 Y84 K57
R58 G34 B27

　C0 M0 Y0 K100
R0 G0 B0

❶ 主色调运用咖啡色，搭配着黑色，辅助色则运用了白色和低明度的绿色，避免了黑色和咖啡色带来的压抑感。

❷ 歌曲信息界面运用了灰色半透明的模块来使界面整齐。

4.6 健康

随着城市生活压力的增大，健康类应用在
应用市场上逐渐占有一席之地，现代人对
于健康的观念越来越强，而移动终端的健
康类应用可以满足用户的需求。

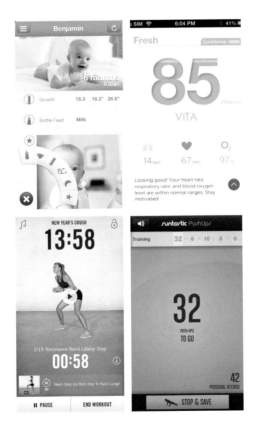

温和

这款手机婴幼儿健康应用在清晰简洁的基础上营造出一种温和和轻松的氛围。

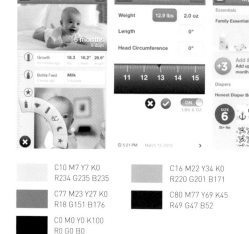

C10 M7 Y7 K0
R234 G235 B235

C16 M22 Y34 K0
R220 G201 B171

C77 M23 Y27 K0
R18 G151 B176

C80 M77 Y69 K45
R49 G47 B52

C0 M0 Y0 K100
R0 G0 B0

❶以浅灰色和蓝色为主体色，画面清新自然。

❷主界面图标表意清楚，采用转轮方式便于用户操作。此款应用还可以线上购买母婴用品，满足了用户照顾婴幼儿及相关的需求。

积极

这款Runtastic俯卧撑健康应用信息界面清晰，各种数据一目了然，能够帮助用户更好地了解自己的身体健康水平。

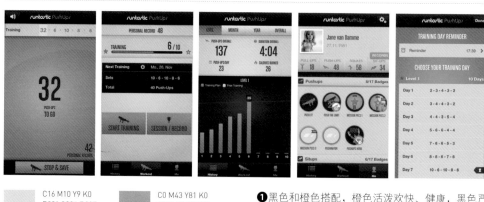

C16 M10 Y9 K0
R221 G224 B227

C0 M43 Y81 K0
R245 G167 B59

C13 M62 Y78 K0
R218 G123 B62

C73 M66 Y63 K19
R81 G81 B81

C83 M78 Y74 K56
R35 G37 B39

❶黑色和橙色搭配，橙色活泼欢快、健康，黑色严肃、稳重，与此款应用十分贴合。

❷采用了TAB布局，可以展现出并列的更多信息，减少了用户的点击次数，提高效率，更贴合用户的使用习惯。

清新

这款Tinke健康检测应用以白色和淡蓝色为主体色，简单清新，整体营造了愉快清凉、健康向上的氛围。

C6 M3 Y5 K0
R243 G245 B243

C16 M91 Y28 K0
R207 G49 B112

C0 M0 Y0 K100
R0 G0 B0

C62 M2 Y22 K0
R87 G190 B203

C78 M72 Y67 K36
R59 G60 B62

❶功能区简单明了，更便于用户操作。

❷布局均匀，在列表界面运用不同明度的浅灰色来区分各项信息。在次要界面中，以淡蓝色作为辅助色搭配黑色、灰色和玫红色又呈现出不一样的视觉感受。

约束

这款NIKE训练俱乐部健康应用的基本色调是银灰色，给人一种认真自治、冷静敏锐的感觉，表现出自我约束的氛围，这种颜色非常适合关于健康管理的应用。

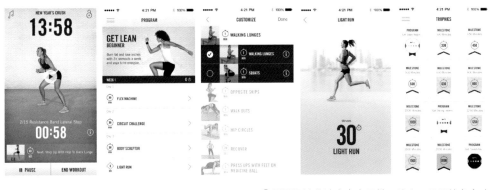

C9 M7 Y10 K0
R236 G235 B230

C6 M30 Y90 K0
R240 G188 B27

C0 M0 Y0 K100
R0 G0 B0

C39 M0 Y15 K0
R156 G245 B243

C79 M73 Y71 K43
R52 G53 B53

❶界面设计简洁富有实用性，让人一目了然各个功能与信息。

❷成就奖章界面添加了低明度的黄色和蓝色作为辅助色，可以避免让人感觉到枯燥乏味。

4.7 摄影

随着现代社会人们线上社交的需求，一款质量好的摄影类应用必不可少。这类应用有着精致的界面设计、人数众多的分享社区，满足了现代社会对社交的需求。

高端

Darkroom是一款图像处理软件，这款软件采用了全新的界面设计，提供了曲线编辑功能和无限次编辑历史记录功能。

	C0 M0 Y0 K0 R255 G255 B255		C38 M69 Y0 K0 R170 G99 B165
	C80 M73 Y23 K0 R74 G80 B137		C83 M78 Y77 K60 R32 G33 B33
	C0 M0 Y0 K100 R0 G0 B0		

❶整体颜色运用黑色，呈现出高端、大气的氛围。主界面使用了紫色渐变，神秘的紫色给人以艺术的韵味，十分符合这款应用的定位。

❷布局居中均匀，整体把握松弛有度。

居中

EyeEm是一个照片分享社区，通过20种不同的滤镜和精心构思的编辑工具处理照片,并且可以分享给好友。

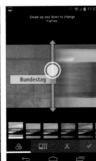

	C0 M0 Y0 K0 R255 G255 B255		C10 M8 Y8 K0 R234 G233 B232
	C74 M31 Y12 K0 R55 G143 B191		C69 M61 Y58 K8 R97 G97 B97
	C0 M0 Y0 K100 R0 G0 B0		

❶整体使用了黑色和深灰色，营造出沉重、严肃的感觉，极其简单大方。

❷采用了竖版的布局，界面居中，在滤镜界面使用了横版的布局，用户可通过左右滑动屏幕查看更多的滤镜，方便用户使用。

清新

VSCOcam是一款手机摄影应用，不仅对后期图片修饰造就颇深，对拍照功能也毫不逊色。一些专业拍照手机上的曝光、焦点分离操作，在VSCOcam软件中也可以简单实现。

C0 M0 Y0 K0
R255 G255 B255

C42 M30 Y81 K0
R166 G164 B75

C56 M47 Y43 K0
R131 G131 B133

C0 M0 Y0 K100
R0 G0 B0

❶整体采用黑色，搭配草绿色，呈现出清新的视觉感受。
❷主题采用竖版布局，符合用户使用手机的习惯。

优雅

500px是一个致力于摄影分享、发现、售卖的专业平台，来自世界各地的摄影师聚集在此。

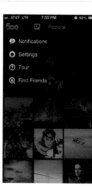

C3 M7 Y20 K0
R249 G239 B212

C43 M35 Y33 K0
R160 G159 B159

C51 M67 Y100 K13
R135 G90 B37

C48 M100 Y100 K23
R129 G26 B31

C0 M0 Y0 K100
R0 G0 B0

❶和其他三种摄影应用一样，这款摄影应用也采用了黑色作为主体色，用白色作为强调色来突出标志和信息，给人简单利落、大方优雅的视觉感受。
❷图片界面运用了九宫格布局，能够清晰直观地展现出图片内容。图片界面突出了图片主体，采用了竖版的布局，符合用户的使用习惯

4.8 时间

时间类应用很大程度上方便了人们的生活，特别是在有重要事情，工作繁忙或者是日程紧密时，一款好的时间类应用显得更加重要。

秩序

谷歌日历是一款可以轻松管理用户的各种事项及日程安排和活动，功能齐全，简单又方便的日历应用。

C33 M26 Y25 K0
R183 G182 B182

C4 M80 Y88 K0
R229 G85 B37

C58 M15 Y89 K0
R121 G171 B68

C76 M30 Y0 K0
R32 G143 B208

C0 M0 Y0 K100
R0 G0 B0

❶颜色采用黑色、绿色和蓝色搭配，呈现出一种干净、整齐有秩序的感觉。

❷日历界面采用横版布局，行程界面采用竖版布局，整体界面清新，不显杂乱，日程安排一目了然，适合用户操作。

互补

Sunrise Calendar是一款全能日历，支持google日历、icloud日历，同时可以将多个社交平台的事件导入。

C9 M7 Y6 K0
R236 G236 B237

C3 M71 Y62 K0
R232 G106 B82

C74 M38 Y0 K0
R61 G134 B199

C67 M56 Y51 K2
R104 G110 B114

C0 M0 Y0 K100
R0 G0 B0

❶主体颜色运用日出时天空呈现的橙色，与应用名称相符。强调色选用了橙色的互补色蓝色，产生强烈的对比，使强调的信息更加显眼突出。

❷日历采用横版布局，而时钟和详尽信息则使用竖版布局，竖排列表可以包含比较多的信息，用户接受率很高。

时尚

Brewseful是一款咖啡定时器，用户可以根据应用上的咖啡配比和定时冲泡出令自己满意的咖啡。

C0 M0 Y0 K0
R255 G255 B255

C68 M58 Y52 K4
R101 G105 B110

C63 M0 Y76 K0
R97 G185 B99

C0 M0 Y0 K100
R0 G0 B0

❶整体运用黑色，体现了高端、时尚的感觉，使用低彩度、高明度的绿色作为辅助色，打破了整体运用黑色所造成的沉闷感。

❷布局以竖版布局为主，在视觉上整齐美观，信息清楚明了，用户接受度很高，易于操作。

可爱

这款Alarmmon闹钟应用风格暖萌有趣，可以引起学生使用的兴趣。

C5 M15 Y67 K0
R245 G217 B103

C65 M18 Y8 K0
R87 G169 B211

C0 M0 Y0 K100
R0 G0 B0

C38 M0 Y77 K0
R175 G209 B89

C75 M68 Y65 K16
R72 G73 B73

❶卡通风格的背景设计颜色丰富鲜明，让人眼前一亮。用小动物的造型代表闹钟，表情可爱，充满乐趣。

❷颜色运用高明度的颜色，将这款闹钟应用的可爱表现得淋漓尽致。

❸在下拉菜单中有历史记录，可以让用户更好地操作。

4.9 旅行

移动互联网时代到来后，各大旅游网站都
开始布局移动市场，在可移动的操作平台
（如手机、平板电脑等）上提供更方便快
捷的服务，丰富了人们的业余生活。

美观

Airbnb是一家联系旅游人士和家有空房出租的房主的服务型网站，可以为用户提供各式各样的住宿信息。应用以图片为主，能够清晰直观地引起用户对旅行住宿地点一探究竟的兴趣。

 C0 M0 Y0 K0
R255 G255 B255

 C0 M78 Y51 K0
R234 G89 B94

C65 M54 Y49 K1
R109 G114 B118

 C80 M74 Y70 K42
R51 G53 B55

C0 M0 Y0 K100
R0 G0 B0

❶使用深灰色作为主体色，低纯度的红色和白色作为辅助色，但并不会大面积使用，起到一个点缀的作用。

❷竖版布局简洁大方，实用美观，符合用户使用手机的习惯。

简洁

Hitlist是一款简洁精美的iPhone应用，可以帮助喜欢旅行的朋友以最少的开销完成到各地旅游的心愿。用户只需在Hitlist上输入想去的地方，应用就会替你盯紧多个旅游网站，告诉你什么时候去最划算。

C0 M0 Y0 K0
R255 G255 B255

 C60 M0 Y83 K0
R109 G187 B83

C71 M19 Y10 K0
R53 G161 B206

 C66 M71 Y98 K43
R77 G58 B27

C0 M0 Y0 K100
R0 G0 B0

❶整体色彩运用白色，突出了界面中的图片，以浅蓝色和浅绿色为辅助色，呈现出清新的画面感觉。

❷布局以竖版为主，重点强调图片版块，图片往往比文字更能吸引人注意。

优化

Gogobot是一个社交旅游网站推出的移动终端应用，可以根据用户的喜好选择具体的景点，并添加到旅行计划中去，并且可以优化最短的旅行线路，让旅游轻松简单。

 C0 M0 Y0 K0
R255 G255 B255

 C77 M17 Y43 K0
R10 G157 B153

 C69 M54 Y42 K0
R98 G113 B129

 C4 M68 Y41 K0
R231 G113 B116

 C75 M31 Y12 K0
R49 G143 B191

❶界面背景采用低明度的图片，衬托出文字和搜索框，运用灰色半透明模块来区分各个功能区。

❷定位界面中各个功能区的布局合理直观，模糊的背景使信息更加清楚明了。

夜色

HotelTonight是一款提供当日酒店预订服务的应用程序，专门为那些随性而至或有紧急需求的人提供酒店预订服务。

 C0 M0 Y0 K0
R255 G255 B255

 C42 M0 Y22 K0
R157 G212 B208

 C1 M1 Y0 K100
R0 G0 B0

 C36 M16 Y45 K0
R177 G193 B153

 C0 M27 Y11 K0
R248 G205 B208

❶应用采用深色系的颜色搭配，运用蓝色和紫色营造出一个浓浓的夜色氛围。

❷应用的标志设计简洁，采用应用名称的首字母进行了设计。

❸布局以竖版为主，用户浏览起来更方便。

第 **05** 章

图标（移动设备）

5.1 立体

立体的图标设计往往通过明暗对比和阴影的塑造，增加图标的立体感，使手机图标更为真实一些。而图标和背景有些互动的话，就会使整个界面设计显得活泼，让人印象深刻。

互动

这款UI界面的设计，画面具有趣味性，营造了一种灯下的朦胧的氛围。

C10 M7 Y7 K0
R234 G235 B235

C2 M46 Y82 K0
R242 G160 B54

C46 M0 Y96 K0
R248 G236 B0

C63 M55 Y48 K1
R115 G114 B119

C83 M78 Y71 K52
R38 G40 B44

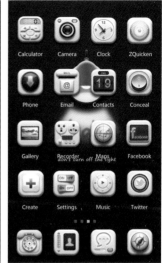

❶图标采用立体化的形式表现，添加了投影，使图标看起来像是有灯光从前方照射下来一样。与背景图片中的壁灯一起为整款设计添加了图标与背景互动的趣味性。
❷颜色运用黑色和较暖的黄色来搭配，表现出在黑暗的环境中暖暖的灯光。

对比

这款UI界面的设计，对比较强，让人印象深刻。

C5 M10 Y15 K0
R244 G233 B219

C54 M21 Y44 K0
R130 G171 B150

C0 M70 Y27 K0
R236 G109 B133

C42 M100 Y100 K9
R155 G30 B35

C73 M93 Y88 K70
R40 G5 B8

❶图标设计采用可爱风格，图标的阴影和高光使其更加立体，并进行了向左倾斜的处理，与背景中的文字效果互相呼应。
❷整体呈粉色调，背景运用了低彩度的粉色，与图标中的高彩度的粉色和绿色形成较强的对比，突出图标，方便用户操作。
❸布局采用九宫格布局，界面丰满，布局均匀，信息直观。

趣味

这款UI界面的设计非常具有趣味性，图标的设计与背景风格符合，背景中的小企鹅憨态可掬，与图标一起营造出一种冰冷的极地感觉。

C11 M30 Y73 K0
R230 G186 B83

C26 M85 Y100 K0
R193 G70 B30

C62 M4 Y19 K0
R87 G188 B206

C85 M80 Y39 K3
R63 G69 B112

C94 M95 Y60 K44
R26 G28 B56

❶图标设计采用统一形式的处理，在图标内容下方添加了一个圆形的台子，加上冰雪覆盖的效果，使整体风格统一。
❷主体颜色使用蓝色，蓝色本身具有冰冷的视觉感受，与整体风格相配。图标中使用暖色作对比，打破了蓝色带来的沉闷感。
❸布局饱满，信息界面一览无余，用户可以清晰操作。

坚硬

这款UI界面的设计带有一点科技感在里面，给人坚硬、冰冷的印象。

C61 M7 Y16 K0
R93 G185 B209

C62 M33 Y16 K0
R106 G149 B185

C60 M78 Y17 K0
R125 G76 B138

C99 M93 Y57 K35
R14 G36 B66

C0 M0 Y0 K100
R0 G0 B0

❶图标设计棱角分明，采用稍微向右的角度的透视，使图标看起来更加立体。
❷整体色彩运用黑色搭配蓝色进行设计，黑色和蓝色的搭配不但给人男性化的印象，更兼具了冰冷、坚强的感觉。
❸布局采用了经典的九宫格布局，界面整齐大方。

USER INTERFACE DESIGN

透视

这款UI界面的设计，风格简约、颜色搭配和谐，整体给人以平淡的感觉。

C18 M46 Y35 K0
R212 G155 B147

C75 M32 Y65 K0
R66 G139 B108

C82 M65 Y29 K0
R62 G92 B137

C31 M31 Y29 K0
R187 G175 B171

C65 M75 Y71 K32
R89 G62 B59

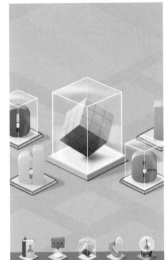

❶ 在图标设计上采用了透视的原理，将图标立体化，加入了投影的手法，使图标更显立体。
❷ 背景颜色使用了素雅的浅咖色，与图标的颜色形成对比，更能突出图标，使用户有更好的操作体验。
❸ 布局采用九宫格布局，布局均匀，主界面采用留白的手法，突出了背景中的形象，与整体风格呼应。

神秘

这款UI界面的设计充满神秘感，运用了水晶球、坩埚、药水等占星元素，进行了卡通化的设计，使整体看起来又可爱，又神秘。

C12 M18 Y44 K0
R230 G210 B154

C26 M88 Y23 K0
R191 G58 B121

C99 M98 Y7 K0
R31 G37 B132

C93 M69 Y61 K25
R8 G69 B79

C95 M87 Y76 K69
R2 G14 B23

❶ 图标采用和整体风格相符的手法，将各种神秘元素卡通化， 整体风格统一。
❷ 颜色选用黑色为主体颜色，并用深蓝色和绿色营造神秘感，在图标上运用比较鲜艳的颜色与背景区分开，使图标更加显眼，易于用户操作。
❸ 布局九宫格，整体布局均匀，主界面上留有大面积空白，提供了想象的空间。

5.2 扁平

扁平化最核心的概念就是去掉冗余的装饰效果，让"信息"本身重新作为核心被凸显出来，并且在设计元素上强调抽象、极简、符号化。以最简单的形式表达出信息，可以更简单直接地将信息和事物的工作方式展示出来，减少认知障碍的产生。

工整

这款手机UI设计运用了较强的颜色对比，让人眼前一亮，印象深刻。

C13 M0 Y2 K0
R228 G243 B250

C83 M35 Y61 K0
R12 G130 B114

C78 M45 Y0 K0
R51 G121 B191

C0 M94 Y8 K0
R230 G25 B127

C75 M100 Y52 K17
R86 G32 B78

❶图标采用扁平化的设计，排列工整，用简单的几何图形代表了图表的功能。

❷用色鲜明大胆，背景颜色对比突出，使得这款设计非常亮眼。

❸布局均匀，图标利用直角边框，使图标排列更整齐。

柔和

这款手机UI设计风格简洁明了，柔和亲切。

C9 M11 Y19 K0
R236 G227 B210

C35 M12 Y64 K0
R181 G198 B115

C0 M56 Y43 K0
R240 G142 B124

C50 M9 Y27 K0
R136 G192 B190

C53 M55 Y45 K0
R139 G119 B124

❶图标扁平，形体造型简单明确，高度概括了图标的功能，运用了圆角设计，符合整体柔和简约的视觉体验。

❷界面的色彩采用彩度较低、明度较高的颜色进行搭配，营造出静态、舒适的感觉。

❸布局采用九宫格布局，清晰直观，界面简单。

节日

这款手机UI设计风格活泼，节日元素与丰富的色彩呈现出欢乐的气氛。

C5 M6 Y17 K0
R245 G239 B219

C3 M33 Y69 K0
R244 G186 B90

C13 M71 Y56 K0
R216 G104 B93

C37 M3 Y28 K0
R172 G213 B195

C87 M67 Y66 K30
R35 G68 B71

❶图标运用铃铛、圣诞树等圣诞节元素，进行了扁平化的设计，使整体界面活跃生动。

❷色彩搭配丰富，采用低饱和度的颜色，颜色多样却不杂乱，整体色彩和谐，以红色、绿色、黄色的搭配突出了圣诞节的主题。

❸采用九宫格布局，界面清楚明了，信息界面一目了然。

平面

这款手机UI设计风格简约，圆角的图标设计使整体风格严肃不失活泼

C3 M4 Y8 K0
R249 G246 B238

C6 M38 Y91 K0
R237 G173 B25

C35 M88 Y88 K1
R176 G63 B48

C70 M39 Y0 K0
R80 G135 B198

C0 M0 Y0 K100
R0 G0 B0

❶图标设计采用简约的设计理念，将图标进行了平面化的设计，运用简单的几何图形和色块来表现图标的功能。

❷主界面背景运用红色作为主体色，避免了全部背景使用黑色的压抑感。图标颜色鲜艳，与背景形成较强对比，凸显图标的功能。

❸布局合理，九宫格布局使界面整齐一致，一目了然。

信任

这款手机UI设计风格稳重大方，很符合商务人士的选择。

C5 M4 Y5 K0
R245 G245 B243

C33 M32 Y36 K0
R183 G171 B158

C63 M64 Y55 K6
R114 G96 B100

C82 M65 Y67 K28
R51 G73 B72

C0 M0 Y0 K100
R0 G0 B0

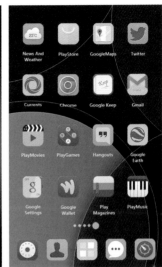

❶布局清晰，风格简约，给人严谨、受信任的印象。
❷图标设计简约，采用圆角的边框使图标的排列方式更加整齐。
❸主界面背景颜色采用黑色和绿色的渐变，突显高质量，低彩度的整体色感，使这款设计的图标更加突出。

传统

这款手机UI设计运用了感恩节元素，扁平化的设计使整体界面充满传统的感觉。

C30 M45 Y73 K0
R190 G148 B82

C76 M53 Y80 K15
R71 G100 B70

C60 M66 Y67 K14
R114 G89 B78

C63 M79 Y82 K44
R81 G48 B39

C0 M0 Y0 K100
R0 G0 B0

❶运用火鸡、印第安人头像的感恩节元素，图标进行了扁平化的设计，特点突出，图标功能明显。
❷整体色彩暗沉，采用红褐色、灰色和低饱和度的绿色为主要颜色，色调强烈浓厚，给人沉静安宁的感觉和传统古旧的印象。
❸布局采用了九宫格布局，界面清晰，图标功能明显。

5.3 手绘

手绘风格的图标设计一直深受广大用户的喜爱，这种风格可清新，可呆萌，也可浪漫，使界面表达出不一样的视觉感受。

清透

这款手机UI设计，风格清新婉约，给人一种清透雅致的视觉感受。

C4 M4 Y18 K0
R248 G244 B219

C2 M70 Y36 K0
R233 G109 B121

C63 M0 Y100 K0
R100 G183 B47

C80 M57 Y13 K0
R59 G104 B163

C36 M80 Y100 K13
R144 G71 B35

❶图标设计运用自然元素，树枝、花、小动物等形象十分符合这种清新风格，加上水彩的手法一起使整体界面散发着浓浓的小清新的味道。
❷色彩搭配丰富和谐。背景颜色稍显淡雅，与标志形成明显对比。
❸整体布局严谨，信息界面直观，有利于用户操作。

浓重

这款手机UI设计颜色明暗对比明显，呈现出浓重的油画的感觉。

C3 M3 Y32 K0
R251 G244 B192

C52 M69 Y70 K10
R135 G89 B74

C74 M46 Y59 K1
R80 G121 B110

C71 M81 Y90 K62
R50 G29 B19

C0 M0 Y0 K100
R0 G0 B0

❶图标运用绘画中明暗对比的方式将其表现出来，增加了立体感。
❷整体色调偏冷，所以运用了淡黄色做冷暖对比。图标颜色运用恰当，与背景形成很好的搭配，互相衬托。
❸整体布局均匀，秩序感强。

轻快

这款手机UI设计界面清爽，信息清晰直观，给人一种清新的视觉感受。

C0 M0 Y0 K0
R255 G255 B255

C6 M9 Y69 K0
R245 G226 B100

C58 M1 Y14 K0
R100 G196 B218

C73 M7 Y41 K0
R33 G172 B164

C66 M19 Y24 K0
R84 G165 B185

❶ 图标运用铅笔手绘的手法，以线条和涂色的形式表现出来，给人一种笨拙可爱的感觉。
❷ 颜色运用低彩度的淡蓝色，营造出整洁轻快的印象。图标颜色使用比较鲜艳的颜色，与背景形成鲜明对比，突出图标的功能。
❸ 布局合理，图标排列整齐，适当的留白可以使界面整洁美观，不会使界面太满太挤。

复古

这款手机UI设计，手绘的手法和颜色的运用，使整款设计复古感十足。

C11 M9 Y25 K0
R233 G228 B200

C23 M20 Y84 K0
R209 G193 B61

C19 M67 Y98 K0
R207 G110 B23

C29 M74 Y53 K0
R188 G93 B97

C49 M42 Y53 K0
R148 G142 B121

❶ 图标设计运用感恩节的元素，强调了线条的造型，寥寥几笔就将图标内容表达出来，造型概括简练。
❷ 背景颜色选用浅棕色，饱和度较低，烘托出复古的气氛。
❸ 采用九宫格布局，结构稳定，信息直观。

涂鸦

这款手机UI设计，风格随性不羁，给人一种自由、无拘无束的感觉。

C8 M7 Y70 K0
R242 G227 B98

C81 M77 Y0 K0
R72 G71 B155

C30 M61 Y76 K0
R188 G118 B70

C58 M49 Y46 K0
R126 G126 B127

C49 M42 Y53 K0
R148 G142 B121

❶图标运用蜡笔手绘风格，增添了一抹趣味。
❷运用素净的背景衬托出图标的丰富色彩，整体把握松弛有度。
❸采用撕下的纸的形象作为背景，与图标的风格呼应，给人一种在纸上随性涂鸦的感觉。

温馨

这款手机UI设计，优雅大方，给人一种温馨、舒适的感觉。

C11 M11 Y49 K0
R234 G221 B148

C19 M52 Y27 K0
R208 G143 B153

C28 M87 Y75 K0
R189 G65 B62

C63 M27 Y63 K0
R107 G154 B113

C33 M31 Y38 K0
R184 G173 B155

❶运用手绘的方式，将图标进行了带有复古的设计。运用留声机、地图等元素，将复古的气氛表现得淋漓尽致。
❷颜色运用了低饱和度的色彩，暖色居多，营造出温暖、舒心的气氛。
❸采取九宫格布局，清晰直观，便于用户操作。

5.4 复古

复古风格的界面设计运用各种复古元素和低彩度的色彩搭配，可以表现出严肃、古朴、典雅等特色的视觉感受，迎合了复古风格爱好者的喜好。

皮革

这款手机UI设计界面清晰，布局稳定，操作界面一目了然，方便用户使用。

C20 M37 Y44 K0
R210 G170 B139

C65 M33 Y88 K0
R106 G143 B69

C32 M85 Y83 K1
R181 G70 B53

C46 M58 Y71 K1
R155 G116 B82

C69 M79 Y87 K57
R58 G36 B25

❶在图标的设计上运用了线缝的效果边框，使用了低明度的颜色，与背景中的咖啡色皮质的对比不强烈，营造出浓浓的复古感

❷整体布局传统经典，图标排列整齐，实用性强，肌理材质表现细腻。

❸颜色采用棕色，符合整体给人的复古的感觉。

活泼

这款手机UI设计风格可爱，用色鲜亮，充满童真的感觉。

C11 M22 Y35 K0
R230 G204 B169

C8 M31 Y11 K0
R233 G192 B202

C51 M11 Y30 K0
R134 G188 B183

C74 M52 Y52 K2
R83 G113 B116

C100 M100 Y56 K27
R22 G33 B70

❶在图标的设计上采用了卡通化的设计风格，加了白色的底边和投影效果，就像是在杂志上剪下的可爱贴画一样。背景图片运用了复古的花边，与图标中的怀表等复古元素相搭。

❷整体色调清凉知性，令人感觉轻松自然。背景配合稍高彩度的图标，给人一种活泼可爱又不失稳重的感觉。

❸布局均匀，与整体风格相配。

典雅

这款手机UI设计典雅，手绘
风格表现出浓浓的古典绘画
的意味。

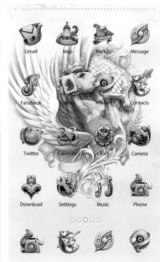

C3 M5 Y7 K0
R249 G244 B238

C33 M2 Y10 K0
R180 G221 B230

C18 M64 Y43 K0
R208 G118 B118

C43 M33 Y65 K0
R163 G160 B105

C69 M81 Y88 K59
R56 G32 B33

❶图标运用一些手绘的设计风格，加入了西方古典雕花的元素，与背景中的图片相互呼应。
❷色彩运用精致稳重，图标与背景用色对比明显，背景运用低明度颜色，与稍高明度的图标颜色营造出复
古的感觉。
❸布局充实合理，秩序感强。

强硬

这款手机UI设计风格强硬，
以红色的星球为元素使其设
计风格独树一帜。

C9 M30 Y58 K0
R233 G189 B117

C10 M93 Y100 K0
R217 G47 B22

C64 M60 Y65 K11
R107 G98 B86

C72 M90 Y95 K64
R48 G17 B1

C0 M0 Y0 K100
R0 G0 B0

❶图标采用星球的形象，造型圆润立体，能清晰直观地表达出图标内容，方便用户操作使用。
❷运用深棕色和红色这两种暖色，明度较低，给人以沉稳厚重、古典质朴的感觉。
❸横排布局均匀，结构稳定。

哥特

这款手机UI设计，界面繁复华丽，呈现出浓厚的哥特式萝莉风格。

C0 M0 Y0 K0
R255 G255 B255

C0 M41 Y12 K0
R244 G177 B190

C27 M94 Y65 K0
R189 G45 B70

C77 M71 Y69 K37
R60 G61 B60

C0 M0 Y0 K100
R0 G0 B0

❶图标设计与哥特式萝莉风格相符，大量运用了蕾丝、蝴蝶结等元素。
❷颜色运用黑色和玫红色，糅合了优雅华丽与黑暗诡异，营造出神秘的感觉。
❸布局居中合理，结构稳定，界面信息清晰直观。

怀旧

这款手机UI设计复古典雅，体现出沉着柔和、温婉高贵的气质。

C12 M73 Y60 K0
R213 G99 B85

C66 M8 Y78 K0
R89 G173 B93

C61 M27 Y17 K0
R106 G159 B190

C4 M21 Y18 K0
R243 G213 B202

C33 M61 Y63 K0
R182 G118 B91

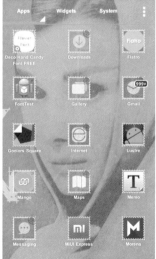

❶图标设计运用邮票的元素，使用彩度较高的颜色，使图标与背景的对比加强。
❷整体颜色运用浅棕色，背景选用了一张老照片，更能烘托出怀旧的气氛。
❸采用九宫格布局，整体布局均匀，有利于用户直接操作。

5.5 魔幻

魔幻风格的图标设计重点放在图标的造型与色彩搭配上，不同的色彩表达出的视觉感受不同，可以表达出严肃、俏皮、粗犷、阴暗等意象。

炫彩

这款手机UI设计视觉冲击力强，让人眼前一亮，展现出一种光怪陆离的炫彩感受。

C29 M16 Y94 K0
R197 G194 B29

C75 M1 Y93 K0
R33 G172 B70

C42 M95 Y82 K7
R157 G44 B52

C100 M96 Y12 K0
R25 G42 B130

C33 M61 Y63 K0
R182 G118 B91

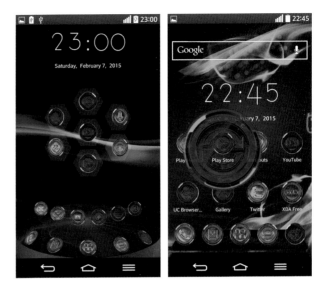

❶图标设计加入了浮雕的元素，使图标内容更具体，并采用了高明度、高彩度的颜色，对比性强，能够抓住人的视线。

❷背景颜色深沉，压制住了图标颜色引起的强烈的视觉冲击，更能凸显图标的实用性。

❸布局有新意，不拘泥于中规中矩的横版布局，带来更强的视觉体验。

阴暗

这款手机UI画面阴暗，给人一种神秘、阴森的感觉。

C48 M34 Y12 K0
R146 G158 B192

C53 M28 Y0 K0
R131 G165 B214

C94 M92 Y47 K15
R38 G47 B89

C68 M84 Y73 K48
R70 G38 B43

C33 M61 Y63 K0
R182 G118 B91

❶图标运用宝剑、羊皮卷、天平等古典元素，添加了金属的质感，圆形的底盘使图标看起来像一个盾牌，与整体风格相符。

❷颜色运用了大量的阴暗色彩，黑色与深蓝色营造出神秘莫测的感觉。

❸采用九宫格布局，界面布局均匀。

力量

这款手机UI设计风格狂野，
给人以热情奔放的视觉
感受。

C8 M0 Y58 K0
R243 G240 B133

C3 M33 Y42 K0
R243 G189 B147

C37 M95 Y100 K3
R170 G45 B36

C68 M84 Y73 K48
R70 G38 B43

C33 M61 Y63 K0
R182 G118 B91

❶图标采用复古的设计，添加了圆形边框，图标下的投影使其更加立体，整体风格统一。
❷颜色采用黑色和红色、黄色搭配，红色给人热情、灿烂的感觉，搭配黑色给人一种充满力量的感觉。
❸布局传统，信息界面一目了然，方便用户操作。

坚硬

这款手机UI设计界面用色
暗沉，表现出独特的视觉
感受。

C1 M7 Y3 K0
R252 G243 B244

C63 M0 Y16 K0
R78 G191 B214

C24 M97 Y100 K0
R195 G36 B31

C62 M92 Y92 K57
R69 G20 B17

C33 M61 Y63 K0
R182 G118 B91

❶图标设计添加了外框，外框方中有圆、圆中有方，使得图标排列既整齐、又美观。
❷色彩运用了黑色和红色，这两种色彩给人以坚硬、充满力量的感觉。图标中又添加了蓝色作强调色，可
以突出图标的内容，调和整体界面的色彩，方便用户操作。
❸整体布局均匀，秩序感强。

灵动

这款手机UI设计风格鲜明、梦幻，营造出安静的氛围。

	C19 M45 Y0 K0 R209 G158 B198
	C54 M10 Y22 K0 R122 G188 B198
	C91 M67 Y46 K5 R23 G84 B111
	C93 M76 Y57 K24 R22 G61 B81
	C89 M81 Y77 K65 R17 G25 B28

❶图标使用精灵等魔幻元素，并加入光点，使图标风格与整体统一，采用了圆角设计，图标圆润不失整齐。

❷颜色采用了黑色和蓝色，这两种颜色给人深沉、安静的感觉，搭配夜间跃动的精灵形象，整体给人以寂静、灵动的感觉。

❸整体布局均匀，易于操作。

机械

这款手机UI设计金属质感浓烈，有很强的机械风格。

	C11 M21 Y51 K0 R232 G204 B137
	C6 M52 Y89 K0 R233 G146 B36
	C15 M94 Y91 K0 R209 G45 B37
	C64 M79 Y100 K50 R73 G43 B18
	C0 M0 Y0 K100 R0 G0 B0

❶图标采用时钟、指南针等机械性较强的形象为元素，强调了金属的质感。

❷颜色主要采用黑色和黄色搭配，另外还使用了红色来强调，使整个界面不再枯燥乏味，界面有层次。

❸布局紧凑，重点居中，主界面突出了背景，图标界面突出了图标的内容，使用户方便辨认图标内容。

5.6 简约

简约起源于现代派的极简主义，这种简约
体现在设计上对细节的把握，每一个细小
的局部和装饰，都需要深思熟虑。简约风
格一直是不同设计领域追求的效果，同样
在UI界面、图标的设计中，简约的设计通
常非常含蓄，往往能达到以少胜多、以简
胜繁的效果。

鲜明

这款手机UI设计风格简约亮眼，高彩度的图标与昏暗的背景形成鲜明对比。

C5 M30 Y85 K0
R241 G189 B48

C5 M85 Y77 K0
R226 G71 B54

C73 M22 Y0 K0
R38 G156 B217

C81 M95 Y51 K22
R69 G38 B78

C0 M0 Y0 K100
R0 G0 B0

❶图标设计个性鲜明，采用了圆角三角形的图标样式，图标造型简单明确。
❷为了打破主体颜色的暗沉，图标采用了高彩度的颜色，与背景形成鲜明对比，使图标内容突出，有利于用户辨认操作。
❸布局饱满，应用界面采用了弯曲面板的滚动设计，信息容量增大，方便用户操作使用。

自然

这款手机UI设计造型简约精炼，圆润的图标边框使图标更简练。

C8 M6 Y18 K0
R239 G237 B216

C69 M8 Y97 K0
R80 G169 B57

C77 M46 Y44 K0
R66 G120 B132

C94 M78 Y43 K6
R25 G69 B107

C0 M0 Y0 K100
R0 G0 B0

❶图标造型简练明确，采用了线描结构，极其简洁。
❷颜色运用了绿色和黑色，图标采用了白色线描结构，极易识别，整体给人以舒适、自然、平静的感觉。
❸采用宫格布局，整体布局均匀，应用信息界面清晰直观。

和谐

这款手机UI设计颜色丰富，
运用不同的色彩、圆润的图
标边框，使图标更简练。

C2 M61 Y72 K0
R237 G129 B71

C31 M65 Y18 K0
R184 G111 B150

C70 M32 Y22 K0
R78 G145 B176

C73 M75 Y9 K0
R94 G77 B149

C93 M91 Y16 K0
R45 G51 B130

❶图标采用了圆角设计，圆润又不失秩序感，运用了色块渐变的方式将图标的色彩表现出来，衬托出图标
主体图案的简洁，图标主体图案下方添加了一些阴影，与渐变共同呈现出图标的立体感。
❷颜色大部分运用了紫色、蓝色等稍冷的色彩，背景中的粉色和图标中少有的橙色起到了调和的作用，使
整体界面看起来和谐，图标采用白色色块叠加到带有渐变的底图上，简单易识别。
❸采用宫格布局，界面中正和谐，让人一目了然。

功能

这款手机UI设计色彩素雅，
图标和背景形成了较强烈的
对比，突出了图标的功能
性，方便用户浏览使用。

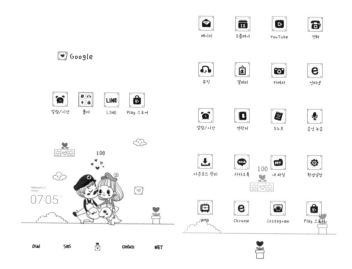

C4 M5 Y7 K0
R247 G243 B238

C33 M31 Y38 K0
R184 G173 B155

C72 M3 Y71 K0
R53 G174 B110

C19 M93 Y94 K0
R203 G49 B35

C73 M74 Y72 K41
R66 G55 B53

❶图标运用简笔画的形式，外框采用正方形，在四角添加点，使图标增加了一些可爱的元素，与背景图片
相呼应。
❷颜色大量运用了低明度的肤色，长时间使用不会马上感到视觉疲劳，并使用少量较高明度的红色和绿色
来调和过于平淡的背景。
❸采用宫格布局，将各个图标依次排列，体现了秩序感。

愉悦

这款手机UI设计色彩鲜明，丰富和谐，让人耳目一新，印象深刻。

C9 M7 Y7 K0
R236 G236 B235

C8 M49 Y75 K0
R230 G151 B71

C17 M81 Y72 K0
R208 G80 B65

C76 M14 Y75 K0
R41 G158 B99

C91 M74 Y41 K4
R35 G75 B113

❶图标运用一些扁平的表现手法，并添加了一些阴影处理，使图标更立体直观，外框采用了圆角处理，稍显可爱。

❷颜色使用多种同纯度的颜色，颜色种类虽多，但是由于纯度一致，却并不显杂乱，反而给人一种愉悦的印象。

❸采用宫格布局，整体布局均匀稳定。

暗沉

这款手机UI设计形体造型简练明确，暗沉的背景突出了白色的图标，对比感较强。

C0 M0 Y0 K0
R255 G255 B255

C10 M26 Y57 K0
R232 G195 B121

C87 M71 Y33 K0
R49 G82 B127

C76 M75 Y82 K55
R48 G41 B33

C0 M0 Y0 K100
R0 G0 B0

❶图标采用线描的方式塑造图标的形象，将图标的功能简练地表达出来，并做了阴影处理，在白色的图标线外添加了高纯度的黑色阴影，与低纯度的背景形成对比，突出了图标。

❷颜色大量运用无彩色，背景中运用了低纯度的黑色，与图标中的白色线条和黑色阴影形成对比；加入一些蓝色和橙色起到调和的作用，打破了整体画面的沉闷感。

❸采用宫格布局，用户浏览方便，画面和谐。

5.7 卡通

卡通主题风格的界面设计，主要是为了迎合比较年轻的受众人群的喜好，卡通的形象给人的感受是多变的，诙谐幽默、可爱呆萌、清新自然，既吸引了年轻人的注意力，也能提高界面的识别性。

悠闲

这款手机UI 设计温润素雅，
色调柔和，给人一种轻松悠
闲的感觉。

C11 M14 Y21 K0
R231 G220 B203

C7 M27 Y77 K0
R238 G194 B73

C44 M18 Y86 K0
R161 G179 B67

C75 M18 Y54 K0
R46 G156 B134

C0 M0 Y0 K100
R0 G0 B0

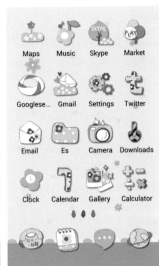

❶图标设计风格清新明亮，线条简洁，增加了一些阴影，使图标更加凸显。
❷布局均匀，图标较大，易操作，给人以质朴的印象。
❸颜色搭配丰富和谐，以素静的背景衬托出多彩的图标，使用户能够更清晰直观地操作。

童真

这款手机UI设计风格童真，
充满很强的趣味性。

C8 M4 Y86 K0
R243 G230 B42

C35 M100 Y94 K2
R174 G30 B41

C82 M26 Y94 K0
R14 G140 B68

C74 M93 Y7 K0
R97 G44 B135

C67 M81 Y96 K58
R60 G33 B16

❶颜色使用鲜亮大胆，对比度高，用高明度、高彩度的颜色描绘出一幅充满童趣的画面。
❷图标用白色的底色和绿色蓝色的边框与颜色鲜亮的背景区别开来，更加凸显图标，图标用不规则的方框
以规则的方式排列，给人一种打破规则的纯真的感受。
❸整体采用横版布局，界面清晰。

温馨

这款手机UI设计风格可爱，
图标简洁突出内容，方便用
户使用。

C0 M0 Y0 K0
R255 G255 B255

C0 M20 Y2 K0
R250 G220 B231

C0 M58 Y6 K0
R239 G139 B175

C52 M77 Y100 K23
R123 G68 B32

❶图标采用卡通化的设计，色彩明亮，造型简单明确，给人留有可爱、天真的印象。
❷主体颜色运用了粉色，表现出可爱、乖巧的感觉，营造出温馨浪漫的气氛。
❸布局整齐均匀，清晰直观。

风趣

这款手机UI设计风格诙谐，
让人忍俊不禁。

C4 M19 Y58 K0
R246 G212 B123

C21 M16 Y16 K0
R209 G209 B208

C68 M92 Y88 K65
R52 G12 B14

C79 M73 Y71 K43
R52 G53 B53

C0 M0 Y0 K100
R0 G0 B0

❶图标设计与往常不同，运用了狗的卡通形象，采用让人忍俊不禁的各种表情来做图标内容，体现了风趣
幽默的感觉。
❷主体颜色运用黑色和灰色，并用红色、黄色、绿色做强调色，避免了大面积使用黑白灰的严肃。
❸布局均匀，结构稳定。

可爱

这款手机UI设计造型活泼，圆润可爱，充满了趣味性。

C15 M13 Y76 K0
R226 G211 B81

C39 M0 Y62 K0
R171 G210 B125

C5 M52 Y71 K0
R234 G147 B77

C47 M67 Y96 K7
R149 G96 B42

C61 M76 Y100 K43
R86 G53 B23

❶图标设计采用鼹鼠的卡通形象，图标中的安全帽与其天性有关联，使得整体风格活泼可爱，充满趣味性。

❷颜色运用棕色为主体颜色，棕色是泥土的颜色，与鼹鼠的生活习性相符，与红色、绿色和黄色搭配，使整体界面鲜亮。

❸采用九宫格布局，秩序感强，信息界面清晰，方便用户使用。

圆润

这款手机UI设计，圆润的图标设计和粉嫩的用色使整体风格天真可爱，给人童真的视觉感受。

C5 M31 Y68 K0
R241 G188 B93

C50 M9 Y4 K0
R131 G194 B230

C3 M33 Y10 K0
R242 G192 B202

C12 M82 Y41 K0
R215 G77 B105

C73 M100 Y57 K32
R78 G25 B63

❶图标进行了可爱化的设计，圆润的形象给人以亲切、温馨的感觉。

❷主体颜色运用粉色，令人感到安宁、整洁。图标运用蓝色、黄色来强调内容，突出了图标，方便用户操作。

❸采用九宫格布局，界面清晰直观。

5.8 仿真

仿真风格的图标设计降低了识别成本，是高质量制作的首选，但这也意味着制作成本的增加，在每个图标上都注重细节的修饰，与背景搭配，具有意想不到的效果。

稳重

这款手机UI设计，形象逼真立体，给人以精致、稳重的感觉。

C6 M11 Y24 K0
R242 G229 B201

C34 M46 Y59 K0
R182 G145 B107

C62 M69 Y91 K32
R95 G70 B40

C77 M72 Y69 K38
R60 G59 B59

C0 M0 Y0 K100
R0 G0 B0

❶图标采用长方形的外框，将图标内容清晰地表现出来，注重细节，增加了投影，使图标更加立体逼真。
❷这款设计整体色调暗沉，运用了灰色、深棕色等暗沉的颜色，背景中一盏明亮的灯打破了整体的沉闷感，使背景和图标产生了互动感。
❸布局均匀，界面信息清晰直观。

可靠

这款手机UI设计整体给人质朴厚重、沉稳的印象，令人感到安心可靠。

C4 M0 Y27 K0
R249 G248 B204

C11 M94 Y100 K0
R215 G44 B23

C85 M50 Y11 K0
R11 G111 B172

C48 M62 Y66 K3
R149 G107 B87

C66 M78 Y75 K43
R77 G49 B46

❶图标设计运用高仿真质感，给人以高质量、受信任的感觉，识别成本低，极大方便了用户操作。
❷颜色运用棕色，搭配图标里的明度较高的颜色，突出了典雅亲切的感觉。
❸整体布局紧凑，秩序感强。

运动

这款手机UI设计运用了篮球的元素，新奇有创意。

C36 M19 Y15 K0
R175 G192 B205

C17 M71 Y73 K0
R210 G103 B68

C92 M78 Y22 K0
R35 G71 B134

C55 M62 Y61 K5
R132 G103 B93

C68 M73 Y74 K37
R79 G60 B53

❶图标运用球衣、篮筐、计时器等运动素材，加入了真实的质感，使图标生动传神。

❷主体色彩运用木质的棕色，与篮球场景匹配。

❸布局清晰直观，用户操作方便。

深沉

这款手机UI设计造型生动，图标设计惟妙惟肖。

C7 M15 Y28 K0
R239 G221 B189

C21 M82 Y70 K0
R201 G77 B68

C55 M74 Y70 K17
R122 G76 B69

C76 M70 Y67 K31
R67 G66 B67

C0 M70 Y0 K100
R0 G0 B0

❶图标运用中国传统元素，将图标内容表现得栩栩如生，降低了识别成本，使用户能够更清晰地操作。

❷色彩以深灰、棕色为主体色，给人一种深沉、古旧的感受。

❸采用九宫格布局，布局均匀。

精致

这款手机UI设计风格雅致，灰暗的背景中突显出一朵玫瑰，增添了一抹浪漫的味道。

C7 M6 Y8 K0
R241 G239 B235

C13 M92 Y83 K0
R213 G51 B47

C61 M39 Y100 K0
R120 G137 B47

C83 M71 Y53 K14
R59 G75 B94

C0 M70 Y0 K100
R0 G0 B0

❶ 高仿真质感的图标代表高质量，设计者抓住每一个细节，使图标更加立体逼真，给人一种精致的感觉。

❷ 背景颜色运用黑色，突出图标的内容，以蓝色、绿色等相对鲜艳的颜色来设计图标，打破了黑色带来的沉闷感。

❸ 布局合理，主界面有一定的留白，在黑色的背景下，留有遐想的空间。

温暖

这款手机UI设计风格鲜明，给人以严肃中带有温暖的感觉。

C16 M34 Y73 K0
R220 G176 B83

C38 M92 Y79 K3
R168 G52 B57

C81 M57 Y12 K0
R55 G103 B164

C73 M72 Y78 K43
R64 G55 B467

C0 M70 Y0 K100
R0 G0 B0

❶ 图标设计运用了毛毡的质感，营造出一种毛茸茸的视觉感受，让人觉得温暖、舒心。

❷ 背景颜色运用了黑色和棕色，利用低采度的红色、绿色等颜色来强调图标内容，使界面稍显活泼。

❸ 飘动的羽毛打破了略显严肃的界面风格，增加了灵动感。

下篇
网页界面设计

第 **06** 章

主题（网页）

6.1 卡通

卡通类网站致力于打造专业的卡通立体传播平台，是提供漫画和动画下载并讨论卡通的综合型平台，是网站设计上根据卡通内容的特点，设计出或清新明晰，或可爱活泼，或丰富搞笑，或睿智警醒等风格的网页版面。

航海

《ONE PIECE》（航海王、海贼王）简称
"OP"，是日本漫画家尾田荣一郎作画的少
年漫画作品，描写了拥有橡皮身体戴草帽的
青年路飞，以成为"海贼王"为目标和同伴
在大海展开冒险的故事。 网站主页运用简单
列表的视图，将图片和易读文本结合，方便
访客对网站分类模块的使用。网站以图片为
主，将这部漫画清楚地呈现给访客。色彩搭
配复古，运用浅棕色和暗红色营造出复古的
感觉，与漫画主题相匹配。网址为http://www.
j-onepiece.com/。

C78 M81 Y92 K69 R32 G22 B10	C49 M100 Y100 K26 R124 G24 B29
C24 M26 Y38 K0 R203 G188 B159	C4 M0 Y12 K0 R248 G250 B234

低沉

《越狱兔》讲述的是被关在监狱的两只兔子与看守警卫一同展开欢乐有趣的笑闹斗争的监狱生活。主页布局重点内容放在中央，快速的高级搜索较显眼，播放信息清晰直观，TAB简洁清楚，利于操作。主体色彩较低沉，符合监狱给人的感觉，图片色彩鲜艳，与沉闷的整体色彩相调和。网址为 http://www.usavich.tv/。

C0 M0 Y0 K100
R0 G0 B0

C82 M100 Y62 K48
R49 G17 B48

C15 M0 Y82 K0
R229 G230 B64

C0 M0 Y12 K0
R255 G255 B255

英雄

漫威漫画公司（Marvel Comics）是美国与DC漫画公司（DC Comics）齐名的漫画巨头，旗下拥有蜘蛛侠、钢铁侠、美国队长等8000多名漫画角色和复仇者联盟、神奇四侠等超级英雄团队。与其他动漫网站一样，布局以图片为主，网站运用了引人注意的高质量图片和少量的文字，将漫威的动漫世界呈现给访客。整体色调低沉，较成熟，符合超级英雄的形象。网址为http://marvel.com/。

■	C0 M0 Y0 K100 R0 G0 B0	■	C69 M61 Y58 K9 R96 G96 B96
■	C4 M96 Y90 K0 R225 G33 B34	□	C0 M0 Y12 K0 R255 G255 B255

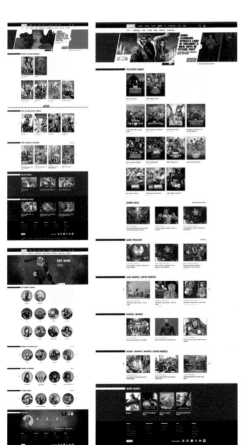

可爱

《海绵宝宝》是一部美国卡通系列片，于
1999年开始播出，剧情幽默而充满想象力，
甚至吸引了很多成人，成为风靡世界的作
品，同时主角"海绵宝宝"成为家喻户晓的
卡通明星。海绵宝宝是方块形的黄色海绵，
是一个可爱、慷慨大方、友好、可信赖的
朋友。网页设计充满动漫里的元素，丰富多
样，富有变化。网址为http://spongebob.nick.
com/。

C12 M4 Y73 K0
R234 G229 B91

C65 M10 Y22 K0
R80 G177 B196

C80 M58 Y3 K0
R60 G101 B173

C2 M1 Y1 K0
R252 G252 B253

情趣

《超级无敌掌门狗》（又译《酷狗宝贝》）是由英国广播公司（BBC）发行的黏土动画片，以特殊的英国风格、轻松幽默的人物刻画、精致的拍摄品质著称，也是老少皆宜的全家观赏短片。网站采用统一的背景元素，主题特色突出，让人印象深刻。网址为http://wallaceandgromit.com/。

	C27 M15 Y20 K0 R196 G206 B201		C17 M78 Y90 K0 R209 G87 B40
	C17 M18 Y36 K0 R219 G207 B170		C14 M22 Y18 K0 R223 G204 B200

清新

流氓兔（Mashi Maro）是一只眯着眼的韩国兔子，也是韩国第一个打进国际市场的动漫肖像。流氓兔是金牛座的，他的道具有很多，如马桶、马桶刷、啤酒瓶等，特色是正面像兔子、反面像狗头，性格是一意孤行、少言寡语、动手动脚、吃喝卡拿、个性多重。网页背景以白色为主，没有过多的内容，观看起来轻松舒适。网址为http://www.mashimaro.com/。

	C67 M58 Y56 K5 R103 G104 B103		C5 M64 Y4 K0 R229 G123 B169
	C19 M14 Y14 K0 R214 G214 B214		C0 M0 Y0 K0 R255 G255 B255

6.2 传统

传统风格的网站设计，在简洁大气的氛围
中体现艺术性；在结构设计中主次分明，
让人一目了然；在布局上规整统一，具有
延续感；用色上沉稳大气。

知性

澳大利亚国家图书馆（National Library of Australia）是澳大利亚最重要的文献收藏机构，为澳大利亚提供图书馆与信息服务。网站界面的主要区域留给重要内容，将文字和图片做了块面化的处理，简单的主题和统一的布局使整体界面整齐，富有古典的美。色彩采用了大量的白色和低明度的绿色，给人以知性、希望的感觉。网址为http://www.nla.gov.au/。

C0 M0 Y0 K100
R0 G0 B0

C38 M3 Y72 K0
R174 G207 B101

C10 M8 Y8 K0
R234 G233 B233

C0 M0 Y12 K0
R255 G255 B255

典雅

佳士得拍卖行（CHRISTIE'S）是全球艺术品拍卖行的领头羊，由詹姆斯·佳士得（James Christie）于1766年在伦敦创办，是世界上最早的艺术品拍卖行。简单的布局使网站看起来高端典雅，运用高质量图片，将信息呈现在访客面前。主体颜色运用了黑色和浅灰色，整个界面干净纯粹，又表现出品质的优良。网址为http://www.christies.com/。

C0 M0 Y0 K100
R0 G0 B0

C45 M100 Y100 K16
R142 G29 B34

C10 M7 Y7 K0
R234 G235 B235

C0 M0 Y12 K0
R255 G255 B255

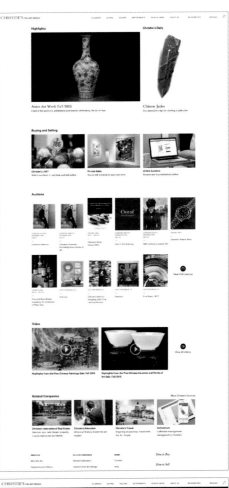

深刻

莫斯科大彼得罗夫大剧院是世界上最著名的芭蕾舞与歌剧剧院之一，拥有世界一流的歌剧团、芭蕾舞团、管弦乐团和合唱团，是最具代表性的俄式大剧院。网站主页顶部运用了大面积留白来突出标志，标志设计古色古香，充满了传统的意味；社交分享插件在界面右上方，方便满足用户的社交需求。界面右侧留有大面积的深灰色色块，主界面图片形状具有突破性，形成了视觉张力，给人以深刻的印象。网址为http://www.bolshoi.ru/。

	C0 M0 Y0 K100 R0 G0 B0		C79 M73 Y71 K43 R52 G53 B53
	C45 M100 Y100 K16 R142 G29 B34		C0 M0 Y12 K0 R255 G255 B255

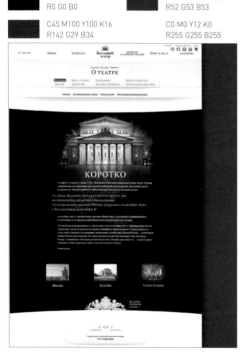

高雅

尚蒂伊城堡位于法国巴黎北郊，是法国最美丽的城堡建筑之一，被联合国教科文组织评为世界文化遗产。网站采用简洁的布局，图片与文字运用了块面化的设计，界面整齐，富有设计感；使用了引人注意的高质量图片，清晰直观地展现出网站的主题。大面积使用了低饱和度的绿色，表现着一种高雅而洗练的感觉，给人沉稳可靠的印象。网址为 http://www.domainedechantilly.com/。

C92 M58 Y86 K33
R0 G75 B53

C61 M32 Y49 K0
R114 G149 B134

C9 M7 Y7 K0
R236 G236 B235

C0 M0 Y12 K0
R255 G255 B255

质朴

美国国家艺术馆（National Gallery of Art）是一座位于华盛顿特区的公共艺术博物馆，创建于1937年。这座艺术品宝库拥有4万多件藏品，收藏欧洲中世纪到现代，美国殖民时代到现代的重要油画、雕塑、版画和素描等，包括达·芬奇、拉斐尔、马奈、梵高、毕加索等大师的作品。网页设计干净朴素，色彩搭配充满艺术氛围。网址为http://www.nga.gov/。

 C10 M9 Y5 K0
R233 G231 B236

 C98 M85 Y60 K37
R5 G43 B65

C98 M80 Y43 K7
R0 G65 B105

C0 M0 Y0 K0
R255 G255 B255

沉稳

牛津大学（University of Oxford）位于英国牛津市，是英语世界中最古老的大学。牛津大学是英国研究型大学罗素团体中的一员，也是英国大学排名中的顶级大学。大学的格言是拉丁文Dominus illuminatio mea，意思是"上帝是我的光明"（The Lord is my light）。 网页设计简洁有力，深蓝色的运用体现其老牌名校的沉稳庄重。网址为http://www.ox.ac.uk/。

C100 M95 Y60 K31 R16 G36 B66	C89 M74 Y43 K5 R43 G75 B110
C75 M69 Y66 K30 R70 G68 B69	C0 M0 Y0 K0 R255 G255 B255

6.3 科技

科技类网站针对硬件新闻、行情、PC配件新品、技术资源及产品评测进行介绍。在网站设计上要简约大气，突出数码和现代感，在用色上要简洁清新。

舒畅

微软（Microsoft，NASDAQ:MSFT，HKEx: 4338）公司是世界个人计算机（Personal Computer，PC）软件开发的先导，由比尔·盖茨与保罗·艾伦创始于1975年，总部设在华盛顿州的雷德蒙市（Redmond，邻近西雅图），目前是全球最大的电脑软件提供商。网页设计版面简洁、高效，重点突出，色彩运用明亮欢快。网址为http://www.microsoft.com/。

 C16 M88 Y100 K0
R208 G63 B25

 C66 M0 Y4 K0
R51 G185 B234

 C0 M0 Y0 K100
R0 G0 B0

 C0 M0 Y0 K0
R255 G255 B255

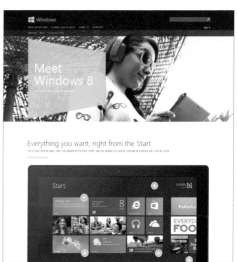

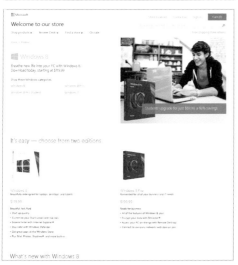

运动

Run Keeper是一款私人运动记录应用，利用GPS及传感器，可以随时追踪并记录运动和速度、里程、消耗卡路里等数据，绘制地图路径，还可以指定训练计划。网页界面上添加了显眼的下载按钮，易于操作；用户体验和详细的应用说明紧随其后，清楚明了地表达出应用的特点，整体呈现简约的设计趋势。界面运用了高明度的蓝色、橙色和红色，具有视觉冲击力，极易给访客留下深刻的印象。网址为http://runkeeper.com/。

	C67 M0 Y24 K0 R58 G187 B200		C49 M0 Y64 K0 R142 G200 B122
	C5 M76 Y80 K0 R228 G94 B52		C1 M38 Y80 K0 R246 G176 B60

共享

IT世界（IT World）是美国著名的IT论坛，是为专业IT人士提供信息互动、技术共享和联系交流的平台。界面简洁，图片与信息相互交错，引起访客兴趣，TAB栏条目清晰，让人一目了然。红色和灰色的搭配给人一种现代的感觉，能准确地表达出网站本身的性质。网址为http://www.itworld.com/。

C75 M72 Y68 K35
R67 G61 B62

C94 M71 Y49 K10
R6 G76 B102

C0 M81 Y88 K0
R234 G82 B36

C9 M7 Y7 K0
R240 G237 B236

数据

1977年，拉里·艾利森（Larry Ellison）与其同伴一起成立了甲骨文公司（Oracle Corporation），向用户提供数据库、工具和应用软件以及相关的资讯、培训和服务支持。该公司网站的版面以突出数据信息为目标，故相当整洁、直观。简洁有序的版式，虽然使用暖色搭配，却透露着冷静与严肃。网址为http://www.oracle.com/index.html。

C7 M5 Y5 K0
R240 G241 B241

C92 M74 Y32 K0
R29 G77 B126

C1 M97 Y100 K0
R229 G26 B17

C0 M0 Y0 K0
R255 G255 B255

信赖

BMC软件公司（NYSE:BMC）是全球领先的企业管理解决方案提供商，致力于从业务角度出发，帮助企业有效管理IT，发布业务服务管理（BSM）策略。BMC软件解决方案涵盖企业系统、应用软件、数据库和服务管理领域。网页设计采用直观简洁的方式，蓝色系色彩的使用体现出公司品质与严谨的态度。网址为http://www.bmc.com。

■	C0 M0 Y0 K100 R0 G0 B0
■	C85 M69 Y47 K7 R54 G81 B107
■	C70 M10 Y13 K0 R47 G173 B210
□	C0 M0 Y0 K0 R255 G255 B255

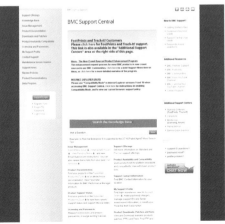

轻盈

生活黑客（Life Hacker）是美国著名新闻博客Gawker Media公司旗下的独立博客网站，旨在分享一些生活诀窍和IT类的信息，以便提高用户的办事效率。网站界面干净有条理，将各类信息和标题竖排排列下去，方便访客浏览；页面左侧设有推荐版块，将近期人气博客推荐给访客，提高了效率。主体颜色运用了白色，搭配绿色、黑色为强调色，使整个网站界面清爽，给人一种整洁、轻盈的感觉。网址为http://lifehacker.com/。

■ C0 M0 Y0 K100 R0 G0 B0	▨ C77 M34 Y0 K0 R31 G138 B204
▨ C49 M16 Y93 K0 R148 G177 B53	□ C0 M0 Y0 K0 R255 G255 B255

6.4 自然

自然类网站一般是自然类机构或旅游组织
向公众展示自然信息和旅游信息的平台，
不仅向用户提供了相关信息资讯和服务，
也推广了自己。在网站设计上要突出宣传
的主题和相关信息，令人印象深刻。

清新

加拿大园艺（Canadian Gardening）是园艺工作者必备的一个工具网站，主要为园艺工作者们提供意见、建议、交流等平台。网站界面的右上角设有快速搜索栏，方便访客的使用；主页标题下方有一个箭头，有明确的指向性，把人的注意力转移到指向的内容；图片与信息搭配合理；运用了清新的绿色与白色，与园艺这一主题相呼应。网址为http://www.canadiangardening.com/。

C64 M28 Y99 K0
R108 G150 B50

C44 M5 Y88 K0
R160 G197 B63

C8 M0 Y16 K0
R240 G246 B225

C0 M0 Y12 K0
R255 G255 B255

均衡

纽约植物园（New York Botanical Garden）是美国最主要的植物园之一，该植物园还有保存良好的植物标本馆和大型植物数据库，拥有来自世界各地的超过5000000 份的标本。网页的高级搜索栏在较明显的地方，易于访客操作；植物介绍界面以高质量的图片为主，与文字交差呈现，体现了一种均衡的美感。颜色运用了棕色和绿色，就像土地和植物，贴合自然主题。网址为http://www.nybg.org/。

C0 M0 Y0 K100
R0 G0 B0

C72 M75 Y88 K55
R55 G42 B28

C66 M32 Y93 K0
R103 G143 B62

C6 M5 Y8 K0
R243 G242 B236

草原

生态旅游（Eco-Tur）是安哥拉一家旅游公司，给各国游客提供优质的服务，保证合作旅行社和各方面的要求，提供旅游服务，为游客展现安哥拉原始社区的当地风情。网站界面的主要区域留给内容，以图片加文字的形式向访客展示安哥拉的自然风光；TAB栏运用颜色区分点击内容；右侧的合作网站较显眼，整个界面清晰直观。颜色运用了红棕色和黄色，展现出荒凉草原的感觉。网址为http://www.eco-tur.com/。

C58 M93 Y90 K49
R84 G25 B24

C6 M52 Y84 K0
R233 G146 B50

C7 M12 Y84 K0
R243 G219 B51

C0 M0 Y0 K0
R255 G255 B255

地貌

新西兰旅游局官方网站为游客提供新西兰丰富多彩的旅游项目，游客可以利用网站内所有的信息策划自己的新西兰之旅。新西兰是一个理想的旅游胜地，拥有雄伟的地貌景观、茂密的森林、奇特的野生动物和宜人的气候。网页设计多采用精美的摄影照片，极具新西兰特色，勾起了观者对新西兰的向往。网址为http://www.newzealand.com/int/。

 C85 M81 Y80 K67
R23 G23 B23

 C77 M55 Y43 K0
R74 G108 B127

C13 M9 Y10 K0
R228 G228 B227

C0 M0 Y0 K0
R255 G255 B255

资源

黄石国家公园（Yellowstone National Park），1872年3月1日被正式命名为保护野生动物和自然资源的国家公园，园内设有历史古迹博物馆，1978年被列入世界自然遗产名录。网站界面以公园内部景色图片为主，图片与信息相互交错；主页分类明确，方便用户浏览操作；运用浅黄色作为网站的背景色，符合黄石公园的性质。网址为http://www.yellowstonenationalpark.com/。

C0 M0 Y0 K100
R0 G0 B0

C70 M47 Y100 K7
R93 G116 B49

C6 M6 Y16 K0
R243 G239 B220

C0 M0 Y0 K0
R255 G255 B255

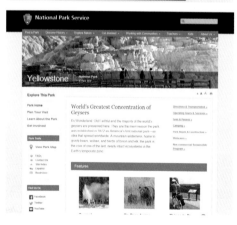

鲜亮

秘鲁假日旅行社（Peru Vacation Tours）是秘鲁国内领先的旅游服务公司，致力于开发秘鲁旅游项目来为游客提供国内一流的旅游服务。其旅游产品包括探险、文化、历史、人文、自然风景等旅游项目。网站整体布局合理，将主要区域留给重要内容；网站左侧留言栏设计简单，颜色鲜亮，让人印象深刻；使用黑色作为背景色，突出了页面中的图片，运用鲜艳的橘色、粉色来强调文字内容，整体把握松弛有度。网址为http://www.peruvacationtours.com/。

■	C0 M0 Y0 K100 R0 G0 B0	C25 M81 Y13 K0 R193 G76 B138
■	C8 M43 Y93 K0 R232 G162 B19	C8 M7 Y14 K0 R239 G236 B223

6.5 时尚

时尚主题的网站一般指时装品牌网站和时尚信息网站等网站。时装网站会将传统的服装购物与电子商务相结合，除了销售服装外，还提供包括服装流行资讯、时尚资讯等内容，从而丰富和完善网站的内容。

高雅

THE OUTNET是英国Net a Porter集团旗下的奢侈品折扣网站，网站会从各大品牌直接采购经过授权的全新的过季产品。界面清晰整洁、具有设计感，用图片向访客更直观地展现商品内容；索引页面和商品页面简单直观，带有分类的快速导航栏，方便访客操作。采用无彩色的设计，整体运用了白色，以黑色作为强调色来突出题目和文字，也衬托出图片的内容，给人一种高雅、时尚的感觉。网址为https://www.theoutnet.com/。

C0 M0 Y0 K100
R0 G0 B0

C10 M11 Y19 K0
R234 G226 B209

C12 M9 Y9 K0
R230 G229 B229

C0 M0 Y0 K0
R255 G255 B255

优雅

博柏利（Burberry）是极具英国传统风格的奢侈品牌，其多层次的产品系列满足了不同年龄和性别的消费者需求，公司采用零售、批发和授权许可等方式使其知名度享誉全球。网站界面以引人注意的高质量图片为主要内容，吸引了访客的注意力，页面左侧导航栏清楚地列出了分类，方便访客操作。颜色运用了黑色，营造出一种高端时尚、简洁优雅的氛围。网址为https://www.burberry.com/。

	C0 M0 Y0 K100 R0 G0 B0		C67 M85 Y99 K61 R57 G26 B9
	C47 M47 Y53 K0 R153 G136 B117		C23 M17 Y17 K0 R205 G206 B205

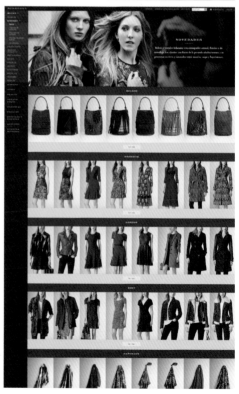

简洁

DKNY是设计师Donna Karan为了她女儿所创作出的年轻品牌，在1988年正式推出。网站主页以图片为主，可以简洁地展现出商品；登录、搜索、购物车在界面的右上角，方便用户操作；商品陈列界面左侧的导航栏可以清楚直观地引导访客的浏览。整体运用了黑色，与图片中的金色、银色搭配，展现出高贵、华丽的感觉。网址为http://www.dkny.com/。

C0 M0 Y0 K100 R0 G0 B0	C77 M75 Y76 K50 R51 G46 B42
C48 M47 Y53 K0 R151 G135 B117	C9 M18 Y21 K0 R235 G215 B199

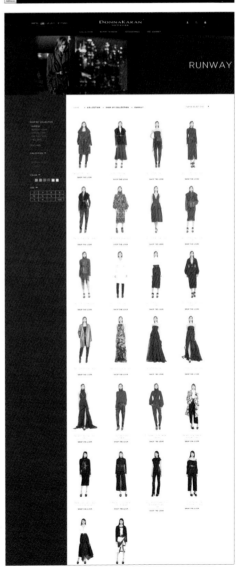

丰富

ELLE是著名时尚杂志，是一本专注于时尚、美容、生活品味的女性杂志。 法国1945年创刊，国际版本达70份的惊人扩充能力，代表着法国桦榭集团的最强实力。网页采取了下拉式的浏览方式，将图片与信息交错，呈现出丰富的内容。整体运用了白色和浅灰色，浅灰色搭配颜色鲜艳的图片，可以突出图片的内容。网址为http://www.elle.com/。

 C0 M0 Y0 K100
R0 G0 B0

 C82 M77 Y70 K48
R43 G45 B49

C15 M5 Y5 K0
R223 G234 B240

C5 M4 Y4 K0
R245 G245 B244

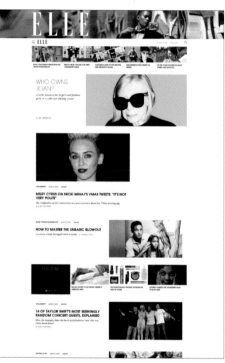

亲和

Style Bop是德国一个知名的购物网站，于2004年创建，总部设在慕尼黑。该网站汇集了来自全球的两百多个品牌，除了高档品牌外，还有新兴时尚设计师品牌。网站页面顶部设有详细的导航栏，与快速搜索一起，符合访客的使用习惯；与其他购物网站一样，以图片为主，可以清晰地展现出商品的特点。网站以白色为主，简洁亲和，突出图片的内容。网址为http://www.stylebop.com/。

■ C0 M0 Y0 K100 R0 G0 B0	■ C24 M98 Y86 K0 R194 G32 B46
■ C17 M13 Y12 K0 R218 G218 B219	□ C0 M0 Y0 K0 R255 G255 B255

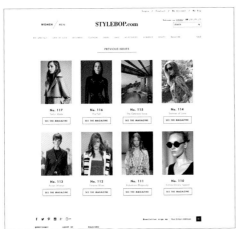

华丽

迪奥（Dior）一直是绚丽高级女装的代名词。它继承着法国高级女装的传统，始终保持高级、华丽的设计路线，做工精细，迎合上流社会成熟女性的审美品位，象征着法国时装文化的最高境界，迪奥品牌在巴黎地位极高。网站设计高端大气，没有多余的内容，黑灰的颜色体现其质感和品质。网址为http://www.dior.com/home/fr_fr。

C86 M81 Y76 K64
R24 G26 B29

C64 M55 Y51 K1
R112 G113 B115

C5 M59 Y94 K0
R233 G132 B18

C0 M0 Y0 K0
R255 G255 B255

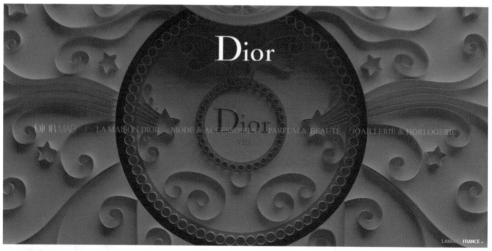

第 07 章

应用（网页）

7.1 商企业业

商业企业的网站是各大企业在互联网终端上体现企业理念的,以介绍企业的历史概况、发展前景的平台。在网站设计上要根据企业的文化特点进行设计。

现代

日本移动通信运营商(NttDoCoMo)是一家日本电报电话公司的手机公司，是目前世界上最大的移动通信公司之一，也是最早推出3G商用服务的运营商。网站界面中的TAB栏清晰地展现出分类，方便访客浏览，信息清晰整齐。整体运用了浅灰色，给人一种现代、亲和的感觉。网址为https://www.nttdocomo.co.jp/english/。

C0 M0 Y0 K100 R0 G0 B0	C88 M69 Y12 K0 R39 G83 B152
C22 M96 Y63 K0 R197 G36 B70	C11 M8 Y8 K0 R232 G232 B232

严肃

AirLiquide是成立于1902年的法国液化空气集团，是世界上最大的工业气体和医疗气体以及相关服务的供应商之一。该集团向众多的行业提供氧气、氮气、氢气和其他气体及相关服务。网站界面设计上，在主要区域将引人注意的高质量的图片作为主要内容；内容以文字居多，配以醒目的标题，方便访客浏览，主题颜色以白色为主，搭配蓝色，呈现出一种严肃的感觉。网址为http://www.airliquide.com/。

■	C86 M53 Y12 K0 R12 G107 B168	■ C8 M98 Y73 K0 R219 G21 B55
	C9 M7 Y7 K0 R236 G236 B235	□ C0 M0 Y0 K0 R255 G255 B255

纯净

Iberdrola是位于西班牙北部的一间电力公司，主要经营项目在于电力的产生、输送以及配送。而Iberdrola必须从电力的生产一直到输送至客户端的整个过程中，进行电力的监控与管理，以确保电力输送的品质。网站界面模块清晰，TAB栏的设计方便了访客的使用。颜色运用绿色和白色，营造了纯净、环保的感觉。网址为http://www.iberdrola.es/inicio。

C86 M60 Y100 K39
R32 G69 B36

C57 M5 Y9 K0
R105 G192 B224

C8 M56 Y88 K0
R228 G137 B40

C0 M0 Y0 K0
R255 G255 B255

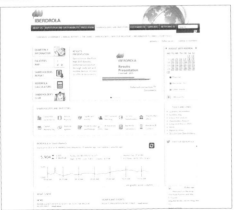

环保

荷兰利安德巴塞尔公司(Lyondellbasell)是全球第三大独立化工公司，产品被客户应用在许多日用品及工业品中，包括个人护理产品、食品包装、耐用纺织品、医疗应用等。网站界面条理清晰，将图片置于界面上方，能够吸引访客的注意；页面左侧的导航栏方便访客的操作。颜色运用浅灰色和蓝色，体现了现代、自然的感觉，可以展现出化工公司的环保意识。网址为http://www.lyondellbasell.com/。

C0 M0 Y0 K100	C65 M57 Y54 K3	C82 M41 Y20 K0	C0 M0 Y0 K0
R0 G0 B0	R109 G108 B108	R17 G125 B170	R255 G255 B255

印象

吉之岛JUSCO（Japan United Stores Company）是日本著名的连锁零售集团，在中国、泰国等地开设有百货公司及超级市场，隶属于日本永旺集团旗下。网站界面TAB栏的设置能够方便访客操作；右侧的新闻、分享栏符合访客的浏览习惯。运用高饱和度的粉色作为主体色 ，给人留有深刻的印象。网址为http://www.aeon.info/。

C83 M48 Y100 K12 R46 G105 B52	C51 M100 Y39 K0 R146 G28 B98
C5 M27 Y0 K0 R239 G203 B224	C2 M6 Y11 K0 R251 G243 B230

均衡

杜邦公司（DuPont）是美国第二大化工公司，现为纽约证券交易所上市公司，主要生产塑胶及橡胶，包括氯丁橡胶、尼龙、有机玻璃等。网站界面主界面以图片为主，图片处留有一定的空白，体现了均衡的原理；公司介绍界面文字较多，信息量大。网站的强调色为红色，给人热情、活跃的视觉感受，能够在最快的时间内引起访客的注意。网址为http://www.dupont.com/。

■	C0 M0 Y0 K100 R0 G0 B0	■	C75 M69 Y66 K28 R71 G70 B70
■	C48 M97 Y100 K21 R132 G34 B32	□	C0 M0 Y0 K0 R255 G255 B255

7.2 影视娱乐

影视娱乐网站是各大娱乐公司在互联网终端上展现娱乐内容的网站。在网页设计上要层次分明，布局合理，简单易询；在内容应用上要准确及时、清晰醒目；在色彩运用上要突出宣传主体，让人一目了然。

视觉

时代华纳（Time Warner Inc）是美国一家跨国媒体企业，成立于1990年，总部位于纽约。其事业版图横跨出版、电影与电视产业，包括时代杂志、体育画报、财富杂志、生活杂志、特纳电视网、CNN、HBO、DC漫画公司、华纳兄弟等具有全球影响力的媒体皆为其旗下事业。网站界面以影视剧剧照图片为主，向访客展示了企业的作品；界面右侧添加了获奖和荣誉状况栏，运用反白的形式与正文区别开来。运用蓝色作为主体色，黄色和红色、橙色作为强调色，色彩鲜艳，具有视觉冲击力。网址为http://www.timewarner.com/。

C91 M67 Y2 K0　R11 G84 B164	C26 M100 Y100 K0　R191 G26 B32
C13 M33 Y92 K0　R226 G178 B26	C11 M8 Y8 K0　R232 G232 B232

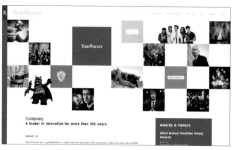

鲜明

梦工厂动画公司 （DreamWorks Animation SKG, Inc.）是一个总部位于美国加利福尼亚州格伦代尔的动画工作室。公司从事动画制作，如动画电影、电视节目和短片等。网站界面用观众熟知的动漫形象的图片作主要内容，将图片做成TAB的形式，可以减少界面跳转的层级。网站用色鲜艳，具有鲜明的对比，给人留有深刻的印象。网址为http://www.dreamworksanimation.com/。

 C83 M66 Y2 K0
R56 G88 B165

 C57 M12 Y100 K0
R124 G175 B42

 C0 M78 Y76 K0
R234 G90 B57

 C3 M29 Y85 K0
R245 G192 B46

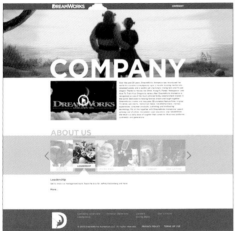

舒适

派拉蒙影业公司（Paramount Pictures）美国电影公司，产出了《教父》《阿甘正传》《变形金刚》等叫好又卖座的绝好电影。网站主界面以图片为主，图片比文字更具有视觉力量，能够清晰直观地将想表达的事物呈现出来；界面左侧的导航栏能够引导访客操作。整体运用了无彩色的设计，可以突出图片内容，表现出纯净、舒适的视觉感受。网址为http://www.paramount.com/。

 C0 M0 Y0 K100
R0 G0 B0

 C87 M56 Y9 K0
R12 G102 B168

 C37 M43 Y68 K0
R176 G147 B93

 C0 M0 Y0 K0
R255 G255 B255

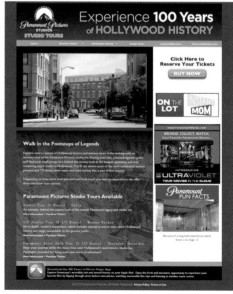

韩流

韩国三大娱乐公司之一，旗下拥有Wonder Girls、2AM、miss A、Nichkhun等当红韩流明星。网站界面以明星写真为主要展示内容，界面上方布置了新闻、滚动的音乐专辑， 可以更方便直观地呈现更多内容，减少界面跳转的层级。颜色运用了黑色、蓝色和灰色，给人以现代、简洁、时尚的视觉感受。网址为http://www.jype.com/。

C0 M0 Y0 K100
R0 G0 B0

C72 M12 Y8 K0
R25 G169 B216

C1 M92 Y83 K0
R230 G49 B43

C6 M4 Y4 K0
R243 G244 B244

音乐

格莱美奖（Grammy Awards），美国录音界与世界音乐界最重要的奖项之一，由录音学院（Recording Academy）负责颁发。格莱美奖是美国四个主要音乐奖之一，相当于电影界的奥斯卡奖。网页视频演示放置在相当显眼的地方，访客可以直接点击观看视频；搜索栏位于右上角，方便访客使用。颜色运用黑色，整体颜色暗沉，突出了前景和图片。网址为http://www.grammy.com/。

C0 M0 Y0 K100
R0 G0 B0

C75 M23 Y6 K0
R24 G153 B207

C33 M48 Y97 K0
R185 G139 B32

C23 M18 Y17 K0
R205 G204 B204

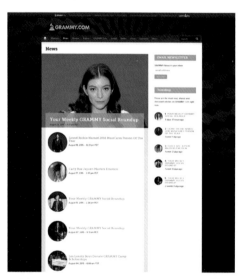

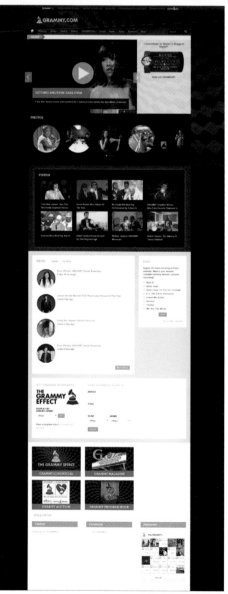

视觉

SBS首尔广播公司是韩国四大全国无线电视及电台网络中唯二的私营业者之一（另一个是在2007年12月28日启播的OBS京仁放送）。经营口号是"看到美好的明天"，出产大量娱乐综艺节目以及电视剧，符合年轻人的口味。网站界面运用了高质量的大图，将导航栏以灰色半透明的形式置于图片左侧，图片下方放置视频模块，方便访客观看。页面采用白色作为主体色，以蓝色、灰色作为强调色，显得整个网页界面干净、整洁，营造出一种舒适的视觉感受。网址为http://www.sbs.co.kr/main.do。

C83 M46 Y30 K0
R24 G118 B165

C66 M35 Y0 K0
R91 G144 B204

C3 M35 Y90 K0
R244 G180 B25

C0 M0 Y0 K0
R255 G255 B255

7.3 文化教育

教育文化网站主要介绍文化机构的历史概况、发展前景。在网页设计上要突出文化底蕴，在布局上要简单大气，令人印象深刻。

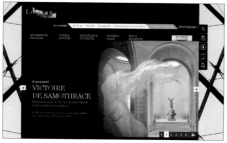

轻快

讲谈社是位于东京都文京区音羽的日本出版
社，主要出版儿童、美术、文学、语言学、
社会、哲学、宗教、地理、历史、科学、工
业、农业、医学以及影像方面的读物。网站
界面信息布置紧凑，新闻版块按时间顺序排
列；右侧广告栏和分享栏较醒目。整体界面
运用不同饱和度的蓝色，整体界面清新，给
人一种知性、轻快的印象。网址为http://www.
kodansha.co.jp/。

C86 M65 Y14 K0
R43 G90 B154

C11 M80 Y8 K0
R216 G80 B144

C17 M4 Y0 K0
R218 G234 B248

C0 M0 Y0 K0
R255 G255 B255

独特

剑桥大学成立于1209年，是世界十大学府之一，73位诺贝尔奖得主出自此校。剑桥大学位于风景秀丽的剑桥镇，著名的康河横贯其间。剑桥大学有35所学院，其中有三所女子学院，两所专门的研究生院，各学院历史背景不同，实行独特的学院制，风格各异的35所学院经济上自负盈亏。网页设计风格独特，采用蓝绿色，既沉稳，又不失朝气。网址为http://www.cam.ac.uk/。

C0 M0 Y0 K100 R0 G0 B0	C88 M56 Y53 K6 R22 G98 B109
C45 M14 Y30 K0 R152 G190 B181	C0 M0 Y0 K0 R255 G255 B255

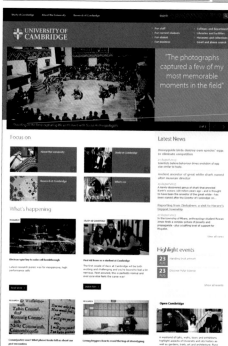

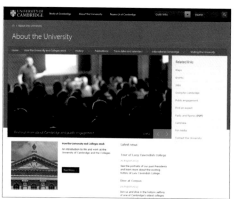

立体

法国卢浮宫（Louvre Museum）始建于1204年，位于法国巴黎市中心的塞纳河北岸（右岸），是世界上最著名、最大的艺术宝库之一，是举世瞩目的艺术殿堂和万宝之宫。卢浮宫也是法国历史上最悠久的王宫，还有许多著名的艺术家在这里生活过。网页都采用深色的背景，突出了网页的主要内容，色彩跳跃，立体感十足。网址为http://www.louvre.fr/。

C82 M78 Y76 K59　R34 G34 B34	C27 M92 Y100 K0　R190 G53 B32
C52 M20 Y100 K0　R140 G169 B38	C69 M3 Y21 K0　R46 G182 B202

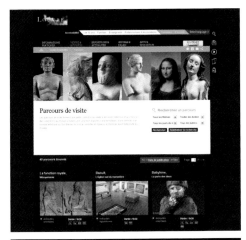

生机

德国慕尼黑大学始建于1472年，是德国历史最悠久、文化气息最浓郁的大学之一，并于2006年10月被选为德国精英大学之一。慕尼黑大学提供了丰富的学科，大约130个专业的课程在此教授。慕尼黑大学的知名度很大程度上来自于它的艺术和人文学科研究。网页设计清晰明了，绿色的标题体现了学校的希望与充满生机的未来。网址为http://www.uni-muenchen.de/index.html。

C0 M0 Y0 K100 R0 G0 B0	C50 M41 Y39 K0 R144 G144 B144	C81 M24 Y97 K0 R20 G143 B63	C0 M0 Y0 K0 R255 G255 B255

严肃

马来西亚教育部网站提供马来西亚语和英语
两种版本，内容包括部门简介、教育政策、
教育资源、学生发展、公立教育、教育媒体
等。网站界面条理清晰，运用TAB和导航栏
帮助访客访问网站；以文字为主，强调了文
字内容；运用深蓝色作为网站的主要用色，
深蓝色体现了严肃、理智等比较沉稳的特
性，这与教育机构的性质是统一的。网址为
http://www.moe.gov.my/。

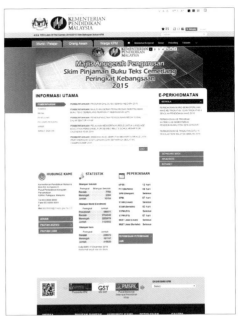

C100 M96 Y50 K4
R26 G47 B92

C73 M29 Y17 K0
R65 G147 B186

C18 M13 Y13 K0
R216 G217 B217

C0 M0 Y0 K0
R255 G255 B255

成熟

斯坦福大学（Stanford University）坐落于美国加利福尼亚州斯坦福市，是一所享誉世界顶尖的私立研究型大学。该校培养了众多人才，其中包括惠普、谷歌、雅虎、耐克等公司的创办人。网站主页图片与文字布局均衡，TAB栏利用距离、字体大小区分主次；其他界面大同小异，图片与文字构成块面化的模块，使整个界面整齐统一。颜色运用深红色作为主体色，深红色给人成熟、文雅的感觉，适合学院类的网站用色。网址为http://www.stanford.edu/。

C47 M100 Y100 K20
R134 G27 B32

C20 M18 Y25 K0
R212 G206 B191

C7 M5 Y8 K0
R241 G241 B236

C0 M0 Y0 K0
R255 G255 B255

7.4 休闲生活

休闲生活网站是与人们生活息息相关的各
类网站的总称，包括购物、出行、餐饮、
家居等生活的方方面面。在网页设计上，
要分清主次；在色彩的运用上，要合理搭
配。

欢快

Gmarket是韩国知名大型综合购物网站,主要销售时尚女装、韩国品牌化妆品、儿童服饰、婴儿用品及新发布的K-POP专辑等。网站TAB栏和导航栏比较明显，运用了多张高质量商品图片，将商品呈现给访客；位于顶部的高级搜索，方便了访客的浏览。颜色搭配丰富，将商品的多元化展现出来，让人留有欢快的印象。网址为http://global.gmarket.co.kr/。

	C88 M75 Y25 K0 R48 G76 B133		C80 M46 Y0 K0 R41 G119 B189
	C0 M3 Y8 K0 R255 G250 B239		C0 M0 Y0 K0 R255 G255 B255

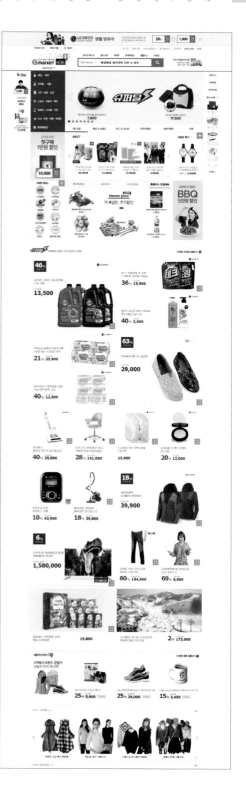

密集

乐天集团于1948年成立于日本东京，事业遍布食品饮料、流通、物流、观光旅游、金融等多个领域，知名度及影响度均属领先地位。关键词和类别条目位于顶部，方便访客使用；将中间主要内容以图片加少量文字的形式陈列出来，密集但直观。整体运用了白色，并使用红色作为强调色，在搜索栏、主要文字和标志上都有体现。网址为http://www.rakuten.co.jp/。

C33 M100 Y100 K1
R179 G30 B35

C76 M22 Y100 K0
R58 G148 B57

C7 M29 Y78 K0
R238 G190 B70

C7 M5 Y5 K0
R241 G241 B241

平静

星巴克（Starbucks）是美国一家连锁咖啡公司的名称，1971年成立，为全球最大的咖啡连锁店，其总部坐落美国华盛顿州西雅图市。网站界面设计简洁，主页顶部设置了TAB栏，方便浏览；以高质量大图为主，将星巴克的咖啡文化表现出来。主体颜色运用白色，以星巴克的标准色绿色作为强调色，给人一种平静、成熟的视觉感受，体现了企业文化。网址为https://www.starbucks.com/。

■	C0 M0 Y0 K100 R0 G0 B0	■	C77 M71 Y68 K34 R63 G63 B63
■	C89 M50 Y88 K15 R0 G98 B64	■	C7 M5 Y5 K0 R241 G241 B241

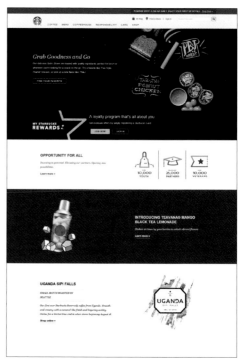

信任

美国劳氏公司（Lowe's）是美国的一家零售商，销售近4万种商品，主要销售家居装饰用品，包括家具、工具等。网站主页以商品图片为主，清晰直观地向访客展示商品信息；将TAB栏和搜索栏结合起来，利于访客操作。网站运用不同明度的蓝色作为主体色，红色作为强调色，整个网站给人一种信任、沉稳的印象。网址为http://www.lowes.com/。

C93 M72 Y9 K0 R11 G77 B152	C43 M96 Y94 K9 R153 G41 B41
C9 M19 Y70 K0 R237 G207 B94	C10 M7 Y5 K0 R234 G235 B239

清爽

马尔代夫旅游局（Maldives Tourism Board）官方网站主要提供马尔代夫旅游概况、旅游景点简介、目的地城市、自然风景、风土人情等实用旅游资讯。网站整体以马尔代夫的风景图片为主要内容，顶部添加了马尔代夫当地的天气情况，方便访客浏览。页面以白色搭配深灰色，界面干净清爽，让人印象深刻。网址为http://www.visitmaldives.com/。

■ C84 M71 Y64 K31 R47 G64 B70	■ C72 M59 Y53 K5 R90 G101 B107
■ C1 M52 Y92 K0 R241 G148 B21	□ C0 M0 Y0 K0 R255 G255 B255

弧形

FoxRiver是美国著名的户外袜子品牌，于1900年在威斯康辛州的阿普尔顿市创办，主要为登山、骑行、跑步、滑雪以及日常穿着设计制造优质的针织袜。网站界面条理清晰，TAB栏和右侧的导航栏能够指引访客快速找到需要的信息和商品；界面的顶部和底部进行了弧形设计，打破了以往网站设计的常规，让人印象深刻。网站主体色运用浅棕色，与深棕色、黑色和红色一起搭配，营造出一种复古的感觉。网址为http://www.foxsox.com/。

 C0 M0 Y0 K100
R0 G0 B0

 C59 M58 Y100 K13
R118 G101 B41

 C28 M100 Y85 K0
R187 G26 B48

 C15 M13 Y30 K0
R224 G217 B186

7.5 多媒体数码

多媒体网站是具有一定知名度和影响力的数码公司资讯门户网站，拥有大型的IT产品资料库，是终端消费者和厂商获取最新、最快、最全面信息的平台，在设计上要凸显出时尚感和现代感。

柔和

东芝集团(Toshiba)在世界范围的制造网络，包括东芝公司40多个制造厂家在内,生产品种繁多的各类产品,其中有具有领先优势的半导体、电视机、笔记本电脑、数据存储装置、家用电器、电力设备系统。网站设计简洁，将顶部主要区域留给重要内容；图片与文字整齐布置在中间区域。主体色运用灰色，并采用红色作为强调色，整个界面呈现出柔和、现代的感觉。网址为http://www.toshiba.com/。

C61 M52 Y49 K0
R120 G120 B120

C0 M96 Y95 K0
R231 G31 B25

C0 M73 Y93 K0
R236 G102 B24

C12 M9 Y9 K0
R230 G229 B229

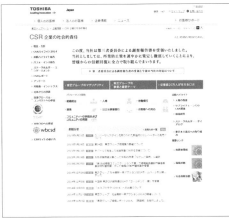

认真

适马（Sigma）股份有限公司（日本）是1961年建成的生产135相机交换镜头的专业厂家，时值日本的相机制造业正处于战后以来蓬勃发展，赶超德国的阶段。适马公司杰出的创办人，优秀的光学技术专家，精通生产与销售的企业管理总裁Michihiro Yamaki先生深知在逆境中如何求生存。网页设计视野开阔、简洁大气。网址为http://www.sigma-photo.co.jp/index.html。

 C0 M0 Y0 K100
R0 G0 B0

 C39 M100 Y100 K5
R164 G31 B36

 C70 M61 Y58 K10
R94 G95 B95

 C0 M0 Y0 K0
R255 G255 B255

科技

黑莓公司（Blackberry）是加拿大的一家通信公司，于1999年创立，主要产品为手提通信设备黑莓手机。网站以商品展示为主，以高质量的图片吸引访客注意；显眼的购买按钮和TAB栏满足了访客的需求。网站主体颜色运用黑色，黑色给人以深沉、严肃的感觉，搭配蓝色，有一种坚硬、高科技的感觉。网址为http://blackberry.com/。

C0 M0 Y0 K100 R0 G0 B0	C84 M47 Y10 K0 R9 G116 B176
C10 M23 Y88 K0 R234 G198 B38	C0 M0 Y0 K0 R255 G255 B255

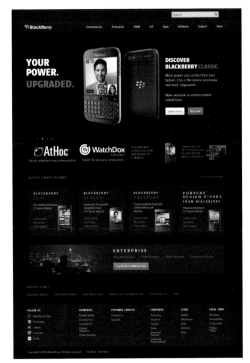

智慧

尼康（Nikon）是日本的一家著名相机制造商，成立于1917年，当时名为日本光学工业株式会社。1988年，该公司依托其照相机品牌，更名为尼康株式会社。网站界面设计简洁，以高质量的产品大图为重点表现内容；商品搜索界面左侧设有导航栏，可以清楚直观地操作。主体色运用白色，以黄色和黑色为强调色，使网站充满科技的智慧与人性，十分妥当。网址为http://www.nikon.com/。

C0 M0 Y0 K100
R0 G0 B0

C9 M10 Y88 K0
R240 G220 B33

C9 M7 Y7 K0
R236 G236 B235

C0 M0 Y0 K0
R255 G255 B255

色彩

BLU Products是美国的一家手机厂商，主要生产低价高质量的手机，包括安卓智能手机以及功能机。网页界面的TAB栏兼具导航功能；主要区域使用高质量的产品图片，配合下方的小型缩略图直观地将产品呈现出来。网页主体色使用深灰色和黑色，与大面积色彩丰富的产品图片搭配，对比突出，有一定的视觉冲击力，让人留有深刻的印象。网址为http://www.bluproducts.com/。

C0 M0 Y0 K100
R0 G0 B0

C86 M77 Y5 K0
R56 G71 B151

C5 M51 Y90 K0
R235 G148 B32

C0 M0 Y0 K0
R255 G255 B255

智能

YotaPhone是俄罗斯公司Yota Device推出的一款LCD和E-Ink双屏幕智能手机，最大的特色在于其背面拥有一块电子墨水屏幕。网页界面设计简洁，整体以图片为主，向访客更直观地展示产品。整体颜色运用无彩色，用大面积黑白灰的色块区分产品的种类，体现了电子产品的高端。网址为http://yotaphone.com/。

C0 M0 Y0 K100
R0 G0 B0

C74 M68 Y65 K25
R75 G74 B75

C40 M31 Y27 K0
R167 G169 B173

C0 M0 Y12 K0
R255 G255 B255

7.6 证券理财

证券理财网站包括银行、投资集团等金融类企业的网站，目标是为企业搭建一个高效的信息交流平台，创建一个良好的商用信息环境。网站的特点是专业化、服务性强、具有公用性和公平性。

理智

加拿大鲍尔投资控股集团(Power Corporation)是一家国际性投资控股与管理公司，成立于1925年，经营范围涉及金融、运输等部门，控制了20多家企业，包括投资人公司、大西方人寿保险公司等。网站以本站资讯等信息为主要内容，左侧设有公司介绍、股票实时信息等内容；TAB栏的设置方便访客了解该公司。网站主体颜色使用深蓝色，给人一种理智、信任的感觉。网址为http://www.powercorporation.com/en/。

C100 M88 Y41 K4 R10 G57 B105	C67 M28 Y100 K0 R98 G147 B51
C23 M14 Y11 K0 R205 G211 B219	C0 M0 Y0 K0 R255 G255 B255

严肃

高盛集团(Goldman Sachs)是一家全球领先的金融机构，成立于1869年，为世界各地不同行业的重要客户提供投资银行、证券和投资管理服务。网站主页以图片为主，与简短的文字结合，方便访客了解网站；以文字大小和颜色来区分主次TAB，条目清晰。主体颜色是浅灰色，以Logo的灰蓝色为强调色，营造出一种理性、严肃的气氛。网址为http://www.goldmansachs.com/。

C81 M67 Y52 K10 R64 G83 B100	C61 M36 Y12 K0 R110 G146 B188
C18 M11 Y6 K0 R216 G221 B231	C0 M0 Y0 K0 R255 G255 B255

商务

美国摩根士丹利金融集团（Morgan Stanley）是一家成立于美国纽约的国际金融服务公司，提供包括证券、资产管理、企业合并重组和信用卡等多种金融服务。网站主页使用高质量的图片配以文字的形式，小型图片以九宫格的布局依次排列。主体色使用白色和浅灰色，以蓝色、紫色为强调色运用在标题上，起到点睛的作用，给人一种商务、现代的感觉。网址为http://www.morganstanley.com/。

  C79 M36 Y11 K0
R28 G133 B187

  C71 M71 Y33 K0
R99 G86 B127

C71 M5 Y72 K0
R62 G173 B107

  C0 M0 Y0 K0
R255 G255 B255

冷静

加拿大蒙特利尔银行（BMO）是一家高度多元化的国际性金融机构，是加拿大历史最悠久的银行，该行提供多种产品与方案，包括个人银行、企业银行、财富管理和投资银行等。网站设计简洁明了，主次TAB栏分别用蓝色和白色来表达；金融商品图片配合文字使用。网站运用白色为主体色，蓝色为辅助色，红色为强调色，给人睿智、冷静的视觉感受。网址为http://www.bmo.com/。

 C84 M48 Y7 K0
R13 G114 B179

 C6 M96 Y88 K0
R222 G33 B37

C6 M5 Y6 K0
R243 G242 B240

C0 M0 Y0 K0
R255 G255 B255

安定

俄联邦储蓄银行(Savings Bank of the Russian Federation)是俄罗斯最大的国有商业银行，也是一个全球性的商业银行。网站界面设计清新，快速搜索栏置于顶部的中间位置，较显眼。颜色运用绿色，象征着希望、友好等意义，给人安定、舒适的感觉。网址为http://www.sbrf.ru/。

C75 M16 Y100 K0 R57 G155 B56	C0 M52 Y90 K0 R242 G148 B28
C5 M4 Y4 K0 R245 G245 B244	C0 M0 Y0 K0 R255 G255 B255

信任

奥地利银行（Bank Austria）是欧洲最大的银行集团联合信贷集团旗下成员，主要负责中东欧业务，其主要产品有投资、金融、私人业务、资产管理等。网站界面设有TAB栏和导航栏，将各类信息和金融产品归类整理，方便访客浏览。主体颜色运用浅灰色，与强调色红色搭配，给人一种热诚、受信任的感觉。网址为http://www.bankaustria.at/。

C13 M99 Y95 K0 R211 G21 B31	C54 M2 Y7 K0 R118 G200 B231	C11 M9 Y10 K0 R232 G230 B228	C0 M0 Y0 K0 R255 G255 B255

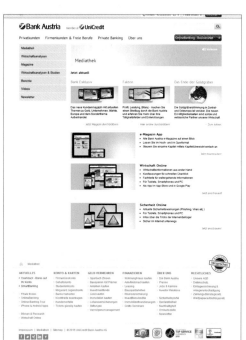